CÁLCULO DIFERENCIAL
CUADERNO DE TRABAJO

CÁLCULO DIFERENCIAL CUADERNO DE TRABAJO

Christiaan Ketelaar

Universidad Francisco Marroquín

Basado en Stewart
Cálculo de una variable

Editorial **ARJÉ**

Cálculo Diferencial.   Cuaderno de Trabajo.
© Christiaan Ketelaar Editorial Arjé
6703 NW St.
Miami, Florida, 33126, USA
http://editorialarje.com
Email: info@editorialarje.com
ISBN-13: 978-1720958307
ISBN-10: 1720958300
Diagramación y Diseño de la portada: Christiaan Ketelaar

Índice

AGRADECIMIENTOS

Agradezco a los siguientes estudiantes por sus observaciones y correcciones a la presente edición, en particular a la Tabla de Antiderivadas.

- Erick Eduardo Ramírez Rodríguez

- Daniela María Liu Orellana

- Luis Pedro Zenteno Cojulún

- Diego Antonio Benito Calvo

- César Emilio López Domínguez

- Daniel Arturo López Sánchez

- Wolfgang Schilling Fernández

- María Alejandra García Ayala

Un agradecimiento especial a David Gabriel Corzo Mcmath y a Steven Nathaniel Wilson Nuñéz por desarrollar un programa en Python que aproxima el área de una región bajo la curva de una función y encima del x y mejora la aproximación utilizando más rectángulos.

1. Límites (2.2 - 2.3)

El concepto de límite es fundamental para definir los conceptos de continuidad, derivada, integrales, áreas y volúmenes. Los problemas de límites surgen si se quiere encontrar la ecuación de la recta tangente o la razón instantánea de cambio de una variable dependiente respecto a una variable independiente.

Ejemplo 1: Considere la función $f(x) = \begin{cases} \dfrac{x^2 - 4}{x - 2} & x \neq 2 \\[2mm] 8 & x = 2 \end{cases}$

Observe el comportamiento de la función cuando x se acerca a 2.

$x > 2$	$x \to 2^+$	$x < 2$	$x \to 2^-$
x	$f(x)$	x	$f(x)$
2.1	4.1	1.9	3.9
2.01	4.01	1.99	3.99
2.001	4.001	1.999	3.999
	$f(x) \to 4$		$f(x) \to 4$

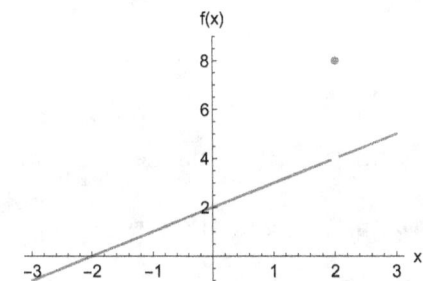

A medida que los números x se acercan más a 2 (por la derecha y por la izquierda), los valores de $f(x)$ se acercan al número 4.

Este valor también es diferente al valor funcional en $x = 2$, $f(2) = 8$.

El concepto de límite nos permite analizar el comportamiento de $f(x)$ cuando x se acerca pero NO ES IGUAL a un número particular del dominio de f.

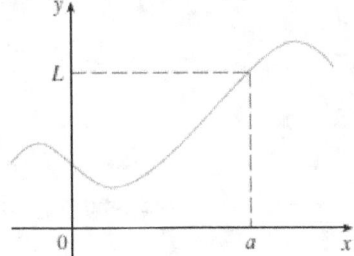
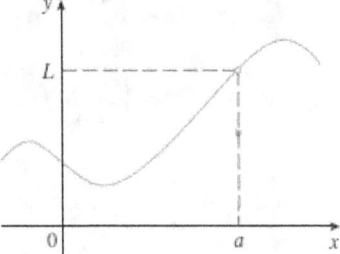

En ambas funciones a medida que x se acerca al número a (denotado como $x \to a$), los valores funcionales se van acercando al valor L (denotado como $f(x) \to L$).

En ambas funciones el límite es el número L a pesar que en la segunda función $f(a) \neq L$.

Definición: Límite de una función

El **límite** de $f(x)$ cuando x se aproxima al número a ($x \to a$) es un ÚNICO número L, denotado como

$$\lim_{x \to a} f(x) = L$$

siempre y cuando los valores de $f(x)$ puedan volverse tan cercanos al valor L ($f(x) \to L$) al asumir un número x lo suficientemente cercano PERO **DIFERENTE de a**.

Si tal límite no existe, se dice que el límite de $f(x)$ no existe.

En el ejemplo anterior, el límite existe y podemos conjeturar que:

$$\lim_{x \to 2} \frac{x^2 - 4}{x - 2} = 4$$

Ejemplo 2: Analice $\lim_{x \to 2} g(x) = \lim_{x \to 2} x + 2$.

Podemos CONJETURAR que el límite de esta función es igual a 4.

$x > 2$	$x \to 2^+$	$x < 2$	$x \to 2^-$
x	$g(x)$	x	$g(x)$
2.1	4 1	1.9	3.9
2.01	4.01	1.99	3.99
2.001	4.001	1.999	3.999
	$f(x) \to 4$		$f(x) \to 4$

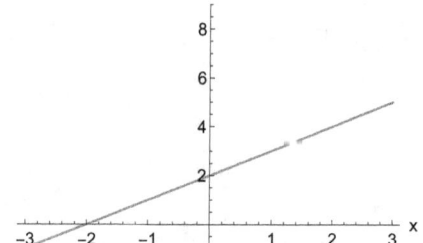

En este caso el comportamiento alrededor de $x = 2$ coincide con el valor funcional $g(2) = 4$.

Si una función $f(x)$ se puede simplificar utilizando álgebra a una función $g(x)$ excepto en $x = a$, entonces.

$$\lim_{x \to a} f(x) = \lim_{x \to a} g(x)$$

Observe que en los dos ejemplos anteriores $f(x) = \dfrac{x^2 - 4}{x - 2} \neq x + 2 = g(x)$, pero

$$\lim_{x \to 2} \frac{x^2 - 4}{x - 2} = \lim_{x \to 2}(x + 2) = 4$$

Propiedades de Límites

Las siguientes propiedades (las cuales se pueden demostrar utilizando la definición de límite) nos permiten evaluar límites sin necesidad de conjeturar sus valores.

---

1. Constante: $\quad \lim\limits_{x \to a} c = c$

2. Monomio: $\quad \lim\limits_{x \to a} x^n = a^n$

Si $\lim\limits_{x \to a} f(x)$ y $\lim\limits_{x \to a} g(x)$ existen, entonces

3. Suma/Diferencia: $\quad \lim\limits_{x \to a} (f(x) \pm g(x)) = \lim\limits_{x \to a} f(x) \pm \lim\limits_{x \to a} g(x)$

4. Producto Escalar: $\quad \lim\limits_{x \to a} (cf(x)) = c \lim\limits_{x \to a} f(x)$

5. Producto: $\quad \lim\limits_{x \to a} (\, f(x)g(x) \,) = \lim\limits_{x \to a} f(x) \, \lim\limits_{x \to a} g(x)$

6. Cociente: $\quad \lim\limits_{x \to a} \left(\dfrac{f(x)}{g(x)} \right) = \dfrac{\lim\limits_{x \to a} f(x)}{\lim\limits_{x \to a} g(x)} \quad$ si $\quad \lim\limits_{x \to a} g(x) \neq 0$

7. Raíces $\quad \lim\limits_{x \to a} \sqrt[n]{f(x)} = \sqrt[n]{\lim\limits_{x \to a} f(x)}$

Ejercicio 1: Evalúe los siguientes límites.

a. $\lim\limits_{t \to \frac{1}{2}} 6t + 3$

b. $\lim\limits_{x \to -6} \dfrac{x^2 + 12}{x - 6}$

c. $\lim\limits_{p \to 4} \sqrt{p^2 + p + 5}$

Límites y manipulación algebraica

Límite de la Forma $0/0$: tanto el límite del numerador como del denominador son 0.

$$\lim_{x \to a} \left(\frac{f(x)}{g(x)} \right) \longrightarrow \frac{0}{0}$$

En estos límites no se pueden aplicar las propiedades de límites pero se pueden evaluar si el cociente se puede simplificar a una función donde si se puedan aplicar.

Límite de la Forma $k/0$: sólo el límite del denominador del cociente f/g es igual a cero.

$$\lim_{x \to a} \left(\frac{f(x)}{g(x)} \right) \longrightarrow \frac{k}{0}$$

Los límites de está forma no existen y se verá que en estos casos los valores de esta función se vuelven más grandes (o negativamente más grandes) a medida que $x \to a$.

Ejercicio 2: Encuentre los siguientes límites cuya forma indeterminada es 0/0.

a. $\lim\limits_{x \to 2} \dfrac{x^2 - 4}{x - 2} = \lim\limits_{x \to 2} \dfrac{(x+2)(x-2)}{x-2} = \lim\limits_{x \to 2} (x+2) = 4$

   Este límite es indeterminado de la forma $0/0$.
   Factorice y evalúe el límite en la función simplificada.

b. $\lim\limits_{x \to 2} \dfrac{x^3 - 8}{x - 2} = \lim\limits_{x \to 2} \dfrac{(x^2 + 2x + 4)(x-2)}{x-2} = \lim\limits_{x \to 2} (x^2 + 2x + 4) = 12$

   Este límite también es indeterminado de la forma $0/0$. Factorice la diferencia de cubos.

c. $\lim\limits_{x \to -3} \dfrac{x^4 - 81}{x^2 + 9x + 18}$

d. $\lim\limits_{u \to 1} \dfrac{\sqrt{u} - 1}{u - 1}$

Límites para cocientes de diferencias

El cociente de diferencias de una función $f(x)$ es la pendiente de la recta secante a $y = f(x)$ entre x y $x + h$. Se puede analizar el comportamiento de este cociente cuando $h \to 0$.

Ejercicio 3: Encuentre $\displaystyle\lim_{h \to 0} \frac{f(x+h) - f(x)}{h}$

- $a(x) = x^2 - 3$

- $b(x) = \dfrac{1}{x + 5}$

- $c(x) = \sqrt{2x + 3}$

Límites que no existen

Ejemplo 3: Sea $S(x) = \dfrac{x}{|x|}$, evalúe $\lim\limits_{x \to 0} S(x)$.

Utilizando la definición de valor absoluto, la función $S(x)$ se puede reescribir como:

$$S(x) = \begin{cases} -1 & si \quad x < 0 \\ 1 & si \quad x > 0 \end{cases}$$

$S(x)$ está indefinida en 0, pero se puede analizar su comportamiento alrededor de $x = 0$.

Si $x < 0$, todos los valores funcionales son iguales a -1:

$$\lim\limits_{x \to 0} S(x) = -1$$

PERO, si $x > 0$, todos los valores funcionales son iguales a 1:

$$\lim\limits_{x \to 0} S(x) = 1$$

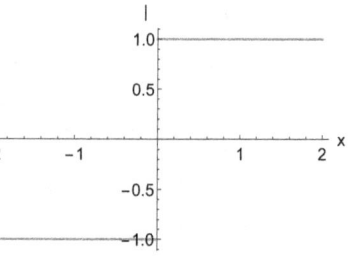

$\lim\limits_{x \to 0} S(x) = 0$ NO EXISTE, porque $S(x)$ no acerca a un único valor.

Ejemplo 4: Analice $\lim\limits_{x \to 0} \dfrac{1}{x^2}$.

$x > 0$	$x \to 0^+$	$x < 0$	$x \to 0^-$
x	$f(x)$	x	$f(x)$
0.1	100	-0.1	100
0.01	10,000	-0.01	10,000
0.001	1,000,000	-0.001	1,000,000
	$f(x) \to \infty$		$f(x) \to \infty$

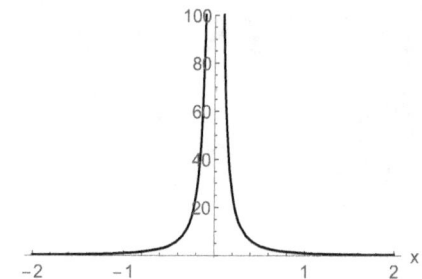

Como los valores de $f(x)$ se hacen más y más grandes, denotado como $f(x) \to \infty$, a medida que x se acerca más y más a 0, este límite TAMPOCO existe.

Los límites que no existen pero que tienden a valores más y más grandes o a "negativos grandes",

se pueden denotar utilizando la notación de infinito, $\lim\limits_{x \to 0} \dfrac{1}{x^2} = \infty$.

2. Límites (continuación) (2.3)

Límites Laterales

Considere la función signo, la cual devuelve sólo el signo de un número.

$$S(x) = \begin{cases} -1 & si \quad x < 0 \\ 0 & si \quad x = 0 \\ 1 & si \quad x > 0 \end{cases}$$

Analice si $\lim\limits_{x \to 0} S(x)$ existe o no.

Si $x < 0$ $(x \to 0^-)$, $S(x)$ se aproxima a -1.

Si $x > 0$ $(x \to 0^+)$, $S(x)$ se aproxima a +1.

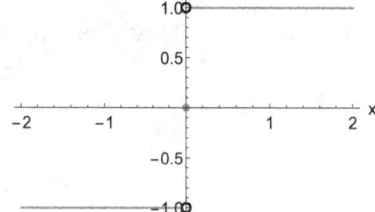

Como $S(x)$ se aproxima a dos números diferentes, entonces $\lim\limits_{x \to 0} S(x)$ NO EXISTE.

Límite izquierdo de $f(x)$ cuando x se aproxima a a por la izquierda $(x < a)$.

$$\lim_{x \to a^-} f(x) = L$$

Límite derecho de $f(x)$ cuando x se aproxima a a por la derecha $(x > a)$.

$$\lim_{x \to a^+} f(x) = L$$

- Los límites de este tipo se conocen como **límites laterales**.

- $\lim\limits_{x \to a} f(x)$ existe si y sólo si ambos límites laterales son iguales.

Ejercicio 1: Evalúe los siguientes límites (si existen)

a. $\lim\limits_{x \to 0^+} \sqrt{x} = \sqrt{0} = 0$ \quad EXISTE

b. $\lim\limits_{x \to 0^-} \sqrt{x}$ \quad NO EXISTE

La función raíz se indefine para números negativos.

c. $\lim\limits_{x \to 0} \sqrt{x}$ \quad NO EXISTE

El límite lateral izquierdo de 0 no existe.

Sea $h(t) = \begin{cases} \sqrt{t+7} & si \quad t < 2 \\ 4 - t & si \quad t > 2 \end{cases}$

d. $\displaystyle\lim_{t \to -8} h(t) = \lim_{t \to -8} \sqrt{t+7}$ NO EXISTE $\sqrt{-1}$ está indefinida.

Para valores de t menores a 2 utilice la primera función.

e. $\displaystyle\lim_{t \to -3} h(t) = \lim_{t \to 0} \sqrt{t+7} = \sqrt{4} = 2$ EXISTE.

f. $\displaystyle\lim_{t \to 2} h(t)$ Hay dos funciones a la izquierda y a la derecha de $t = 2$.

$$\lim_{t \to 2^-} h(t) = \lim_{t \to 2^-} \sqrt{t+7} = 3$$

$$\lim_{t \to 2^+} h(t) = \lim_{t \to 2^-} 4 - t = 2$$

$$\lim_{t \to 2^+} h(t) \quad\quad NO\ EXISTE$$

Si los límites laterales son diferentes, el límite cuando $t \to 2$ no existe.

g. $\displaystyle\lim_{x \to 8} \frac{8 - x}{|8 - x|}$

Límites Infinitos

Analice el comportamiento de $f(x) = \dfrac{1}{x^2}$ a medida que x se acerca a cero.

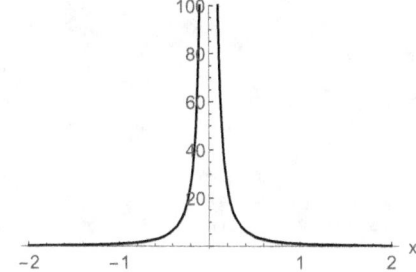

$x > 0$	$x \to 0^+$	$x < 0$	$x \to 0^-$
x	$f(x)$	x	$f(x)$
0.1	100	-0.1	100
0.01	10,000	-0.01	10,000
0.001	1,000,000	-0.001	1,000,000
	$f(x) \to \infty$		$f(x) \to \infty$

Observe que a medida que $x \to 0$, los valores de $f(x)$ se hacen más y más grandes y no se acercan a ningún número en particular, por lo que:

$$\lim_{x \to 0} \frac{1}{x^2} = +\infty \qquad \text{NO EXISTE}$$

Dividir 1 entre un número pequeño positivo 0^+ nos da un número arbitrariamente grande, para expresar este comportamiento utilice la siguiente notación.

$$\lim_{x \to a} f(x) = \infty$$

Esta notación expresa la forma particular en el que el límite no existe, no existe porque sus valores funcionales se vuelven "arbitrariamente grandes".

Del mismo modo

$$\lim_{x \to a} f(x) = -\infty$$

Significa que el límite no existe porque los valores de $f(x)$ se vuelven "negativamente grandes" a medida que x se acerca al número a.

Ejercicio 2: Encuentre los siguientes límites. Si no existen utilice notación apropiada para explicar por qué no existe.

a. $\displaystyle \lim_{x \to 3^-} \frac{4}{2x - 6}$

b. $\displaystyle \lim_{x \to 3^+} \frac{4}{2x - 6}$

c. $\lim\limits_{x \to 3} \dfrac{4}{2x - 6}$

d. $\lim\limits_{x \to -4} \dfrac{x + 4}{x^2 - 16}$

e. $\lim\limits_{x \to 4} \dfrac{x + 4}{x^2 - 16}$

f. Grafique $\dfrac{x + 4}{x^2 - 16}$ utilizando la información sobre los límites.

Límites al Infinito

> **Límites al Infinito**
>
> $$\lim_{x \to \infty} f(x) = L$$
>
> se utiliza para indicar que $f(x)$ se acerca a L conforme x se hace más y más grande.
>
> Del mismo modo, $\lim_{x \to -\infty} f(x) = L$
>
> significa que $f(x)$ se acerca a L conforme x se vuelve negativamente grande.

Estos límites tienen la forma $\dfrac{k}{\pm\infty} \to 0$ y son frecuentes en funciones racionales.

Observe que si el exponente n es un entero o real positivo, $n \in \mathbb{R}^+$:

- $\lim\limits_{x \to \infty} \dfrac{1}{x^n} = 0$ $\qquad$ $\lim\limits_{x \to -\infty} \dfrac{1}{x^n} = 0$.

- $\lim\limits_{x \to \infty} x^n = \infty$

- $\lim\limits_{x \to \infty} \dfrac{x^n}{x^n} = 1$

Los límites al infinito de funciones racionales $P(x)/Q(x)$ se pueden determinar al identificar la mayor potencia en el numerador y denominador e identificar cuál es la mayor entre ellas.

> **Límites al Infinito para Funciones Racionales:**
>
> Para una función racional $\qquad \dfrac{a_n x^n + a_{n-1} x^{n-1} + \cdots a_1 x + a_0}{b_m x^m + b_{m-1} x^{m-1} + \cdots b_1 x + b_0}$
>
> - Si la potencia principal del numerador es menor que la del denominador $n < m$
>
> $$\lim_{x \to \infty} \frac{a_n x^n + \cdots a_0}{b_m x^m + \cdots b_0} = 0$$
>
> - Ambas potencias principales son iguales $n = m$
>
> $$\lim_{x \to \infty} \frac{a_n x^n + \cdots a_0}{b_m x^m + \cdots b_0} = \frac{a_n}{b_m}$$
>
> - La potencia principal del numerador es mayor que la del denominador $n > m$
>
> $$\lim_{x \to \infty} \frac{a_n x^n + \cdots a_0}{b_m x^m + \cdots b_0} = \infty$$

Ejercicio 3:   *Encuentre los siguientes límites (si existen).*

a. $\displaystyle\lim_{x\to-\infty} \frac{3x^5}{x^7} \;=\; \lim_{x\to-\infty} \frac{3}{x^2} = 0$

b. $\displaystyle\lim_{x\to\infty} \frac{3x+5}{x^{1/2}+8} \underset{\times\, x^{-1/2}}{\overset{\times\, x^{-1/2}}{=}} \;=\; \lim_{x\to\infty} \frac{3x^{1/2}+5/x^{1/2}}{1+8/x^{1/2}} \;=\; \lim_{x\to\infty} \frac{3x^{1/2}+0}{1+0} = \infty$ NO EXISTE

c. $\displaystyle\lim_{x\to\infty} \frac{x^3+2x}{x^2-x+5}$

d. $\displaystyle\lim_{x\to-\infty} \frac{(x^2+8)^3}{(x^2+2)^4}$

e. $\displaystyle\lim_{x\to\infty} \frac{50+24x+100x^2-4x^3+x^4}{10x^4+100x^3-10x^2+100x-10}$

f. $\displaystyle\lim_{x\to\infty} x^5-3x^3$

Límites especiales de los logaritmos

La función logaritmo base 10, $y = \log x$ tiene límites infinitos en $x = 0^+$ y en $x \to \infty$.

x	$\log(x)$	x	$\log(x)$
0.1	-1	100	2
10^{-10}	-10	10^{10}	10
10^{-100}	-100	$10^{1,000}$	1,000
$10^{-10,000}$	-10,000	$10^{100,000}$	100,000
	$f(x) \to -\infty$		$f(x) \to \infty$

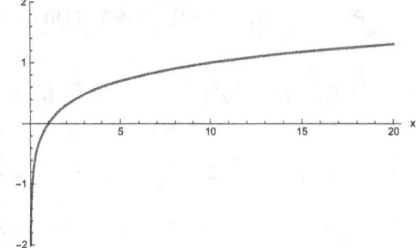

Por lo tanto
$$\lim_{x \to 0^+} \log x = -\infty$$
$$\lim_{x \to \infty} \log x = +\infty$$

El mismo comportamiento se observa para el resto de funciones logarítmicas.

$$\lim_{x \to 0^+} \log_a x = -\infty$$
$$\lim_{x \to \infty} \log_a x = +\infty$$

Límites especiales de las funciones $\dfrac{1}{x^n}$

Ahora analice el comportamiento de $f(x) = \dfrac{1}{x^3}$.

a medida que los valores se alejan del origen.
Se utiliza la siguiente notación para describir los siguientes comportamientos.

$x \to +\infty$ Los números se vuelven arbitrariamente grandes.
$x \to -\infty$ Los números se vuelven negativamente grandes.

x	x^{-3}	x	x^{-3}
-10	-0.001	100	10^{-6}
-100	-10^{-6}	10^{10}	10^{-30}
-1,000	-10^{-9}	$10^{1,000}$	$10^{-3,000}$
	$f(x) \to 0$		$f(x) \to 0$

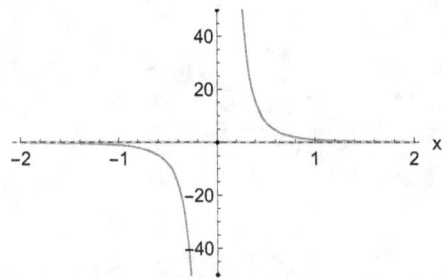

Por lo que podemos concluir que
$$\lim_{x \to -\infty} \frac{1}{x^3} = 0 \qquad \lim_{x \to +\infty} \frac{1}{x^3} = 0.$$

También observe que
$$\lim_{x \to 0^-} \frac{1}{x^3} = -\infty \qquad \lim_{x \to 0^+} \frac{1}{x^3} = +\infty.$$

Límites especiales de las funciones exponenciales

Una función exponencial $f(x) = a^x$ tiene una base constante a y un exponente variable x.

Si $-x$ es un exponente negativo, entonces $a^{-x} = \dfrac{1}{a^x}$.

El dominio de $f(x) = a^x$ son todos los números reales y su rango son sólo los reales positivos.

Sea $a > 1$, por ejemplo $a = 2$, analice los límites infinitos de la función exponencial.

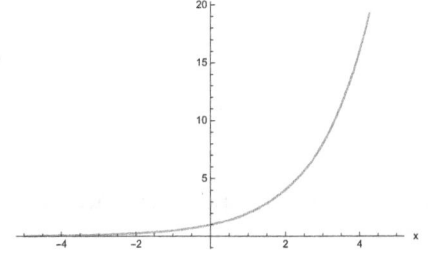

x	2^x	x	2^x
-5	$2^{-5} = 1/32$	10	$2^{10} = 1024$
-10	$1/1024$	100	2^{100}
-100	2^{-100}	1,000	$2^{1,000}$
	$f(x) \to 0$		$f(x) \to \infty$

Por lo que $\qquad \lim\limits_{x \to -\infty} a^x = 0 \qquad\qquad \lim\limits_{x \to \infty} a^x = 0.$

Informalmente, $\quad a^{-\infty} = \dfrac{1}{a^\infty} \to 0 \qquad\qquad a^\infty \to \infty$

Si la base $0 < a < 1$, la función exponencial se reescribe como:

$$\left(\frac{1}{2}\right)^x = \frac{1}{2^x} = 2^{-x}$$

En este caso $\quad \lim\limits_{x \to -\infty} a^{-x} = \infty \qquad \lim\limits_{x \to \infty} a^{-x} = 0.$

En particular para la función exponencial natural $y = e^x$.

$$\lim\limits_{x \to -\infty} e^x = 0 \qquad\qquad \lim\limits_{x \to \infty} e^x = +\infty$$

3. Asíntotas (2.2, 2.6)

Asíntotas Verticales

> **Definición:** La recta vertical $x = a$ se llama **Asíntota Vertical** (AV) de la curva $y = f(x)$ si al menos algunas de las siguientes afirmaciones son verdaderas.
>
> $$\lim_{x \to a} f(x) = \pm\infty \qquad \lim_{x \to a^-} f(x) = \pm\infty \qquad \lim_{x \to a^+} f(x) = \pm\infty$$

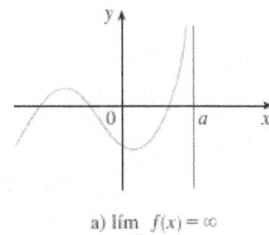 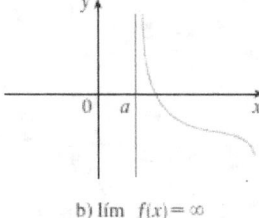 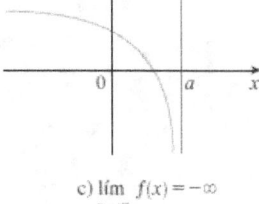 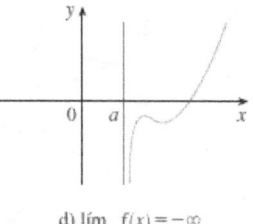

a) $\lim_{x \to a^-} f(x) = \infty$ b) $\lim_{x \to a^+} f(x) = \infty$ c) $\lim_{x \to a^-} f(x) = -\infty$ d) $\lim_{x \to a^+} f(x) = -\infty$

Observaciones:

- Las asíntotas verticales corresponden a límites de la forma $k/0$.

- Para la forma $0/0$, es necesario simplificar la expresión para poder concluir si hay una asíntota vertical o un agujero.

> **Definición:** La recta horizontal $y = L$ se llama **Asíntota Horizontal** (AH) de la curva $y = f(x)$ si al menos una de las siguientes afirmaciones son verdaderas.
>
> $$\lim_{x \to \infty} f(x) = L \qquad\qquad \lim_{x \to -\infty} f(x) = L$$

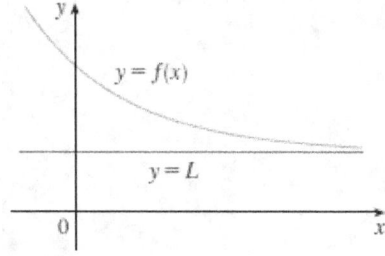 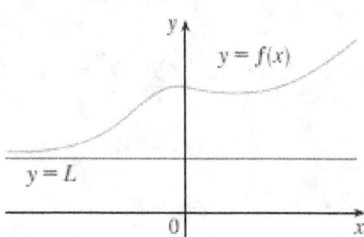

Observaciones:

- Las funciones racionales $\dfrac{P(x)}{Q(x)}$ tienen una asíntota horizontal cuando la potencia principal del numerador es igual o menor que la potencia principal del denominador.

- Para las funciones exponenciales a^x y e^x, $y = 0$ es una AH sólo cuando $x \to -\infty$.

Ejercicio 1: Dadas las siguientes funciones, encuentre

- *Asíntotas Horizontales y Verticales (si existen)*

- *Interceptos con los ejes (si existen)*

- *Grafique la función.*

a. $f(x) = \dfrac{1}{x^4}$

b. $g(x) = \dfrac{x+4}{x^2 - 16}$ Simplifique $g(x)$ y encuentre su dominio.

Ejercicio 2: Encuentre las asíntotas horizontales de las siguientes funciones.
Evalúe ambos límites al infinito:

a. $f(x) = \dfrac{9x^3 + 1}{3x^3 - 2x^2}$

b. $g(x) = \dfrac{10x^5 + 4x^3 - 3x}{3x^5 + 5x^3 + 2}$

c. $h(x) = e^{1/x}$

d. $k(t) = \arctan\left(\dfrac{1}{t - 3}\right)$

Ejercicio 3: Considere la función $\quad m(t) = \dfrac{\sqrt{4t^2 + 5}}{t + 1}\quad$.

a. Encuentre las asíntotas verticales.

b. Encuentre las asíntotas horizontales.

c. Encuentre los interceptos con los ejes (si existen).

d. Grafique la función.

Límites infinitos al infinito

La notación $\lim\limits_{x \to \infty} f(x) = \infty$

Se utiliza para indicar que los valores de $f(x)$ se vuelven arbitrariamente grandes cuando x también se vuelve grande.

Las siguientes notaciones tienen interpretaciones similares a la anterior.

$$\lim\limits_{x \to \infty} f(x) = -\infty \qquad \lim\limits_{x \to -\infty} f(x) = \infty \qquad \lim\limits_{x \to -\infty} f(x) = -\infty$$

Estos límites analizan las tendencias de las funciones, las cuales son útiles para graficarlas.

Ejercicio 4: Evalúe los siguientes límites, explique si existen o no existen.

a. $\lim\limits_{x \to \infty} \dfrac{x^4 + 400x^2 - 5}{x^2 + 8x}$

b. $\lim\limits_{x \to \infty} x^5 - x^7$

c. $\lim\limits_{x \to \infty} \dfrac{e^x + 1,000}{e^x - 500} = \lim\limits_{x \to \infty} \dfrac{e^x}{e^x} \cdot \dfrac{1 + 1,000e^{-x}}{1 - 500e^{-x}} = \dfrac{1 + 0}{1 - 0} = 1$

Factorice e^x y utilice la propiedad $\lim\limits_{x \to \infty} e^{-x} = 0$.

d. $\lim\limits_{x \to -\infty} \dfrac{e^x + 1,000}{e^x - 500} = \dfrac{0 + 1000}{0 - 500} = -2$

Utilice la propiedad $\lim\limits_{x \to -\infty} e^x = 0$.

4.   Continuidad   (2.5)

Introducción

Muchas funciones presentan "pausas" o saltos en partes de sus gráficas.

Compare las siguientes funciones

$$f(x) = \begin{cases} x+2 & si & x \leqslant 2 \\ x+1 & si & x > 2 \end{cases} \qquad g(x) = \begin{cases} x+2 & si & x \leqslant 2 \\ 6-x & si & x > 2 \end{cases}$$

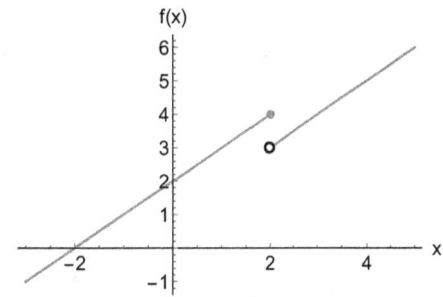

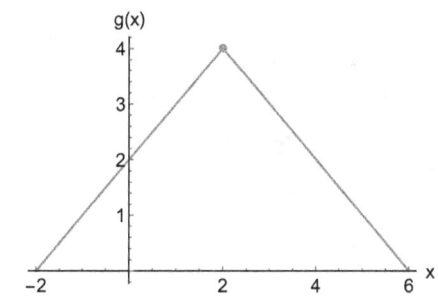

La gráfica de f tiene un salto   Mientras que la gráfica de g
   o "pausa" en $x = 2$.   no tiene ningún salto.

Estudie el límite de ambas funciones a   medida que $x \to 2$.

$$\lim_{x \to 2^-} f(x) = \lim_{x \to 2^-} x+2 = 4 \qquad \lim_{x \to 2^-} g(x) = \lim_{x \to 2^-} x+2 = 4$$

$$\lim_{x \to 2^+} f(x) = \lim_{x \to 2^+} x+1 = 3 \qquad \lim_{x \to 2^+} g(x) = \lim_{x \to 2^+} 6-x = 4$$

$$\lim_{x \to 2} f(x) = \text{NO EXISTE} \qquad \lim_{x \to 2} g(x) = 4 \quad \text{SI EXISTE}$$

Además $\lim_{x \to 2} f(x) \neq f(2)$ Además $\lim_{x \to 2} g(x) = g(2) = 4$

La función g se va a conocer como una *función continua* en $x = 2$.

La función f es una función *discontinua* en $x = 2$ al tener un salto en este punto.

Continuidad

Definición: Una función $f(x)$ es continua en $x = a$ si

$$\lim_{x \to a} f(x) = f(a)$$

Condiciones implícitas de la continuidad de f en x=a

- $f(a)$ existe.

- $\lim_{x \to a} f(x)$ existe.

- $\lim_{x \to a} f(x) = f(a)$

Si f no es continua en a, se dice que f es **discontinua en a** y a se denomina **punto de discontinuidad de f.**

Tipos de Discontinuidades

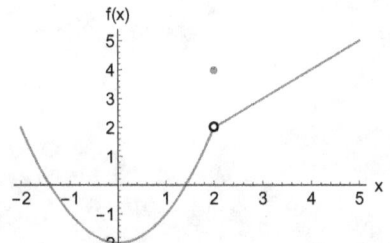

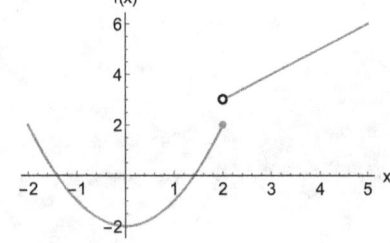

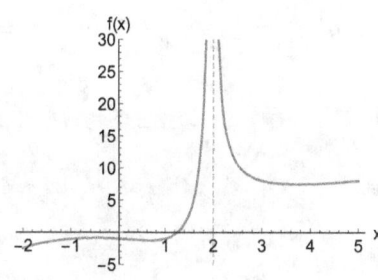

Removible
Límite y f(a) existen
pero no son iguales.

Salto
f(a) puede existir
pero el límite no existe.

Infinita
$\lim f(x) = \pm\infty$

Una función es **continua por la derecha** si $\lim_{x \to a^+} f(x) = f(a)$.

Una función es **continua por la izquierda** si $\lim_{x \to a^-} f(x) = f(a)$.

Por ejemplo, $f(x) = \sqrt{x}$ es continua por la derecha en $x = 0$, porque

$$\lim_{x \to 0^+} \sqrt{x} = 0 = f(0),$$

pero NO es continua por la izquierda en $x = 0$ ya que

$$\lim_{x \to 0^-} \sqrt{x} \quad \text{NO EXISTE.}$$

Ejercicio 1: Determine si la función dada es continua en el punto indicado. En caso de ser discontinua clasique la discontinuidad.

a. $f(x) = \dfrac{x^2 - 9}{x - 3}$ en $x = 3$

b. $g(x) = \dfrac{|2x - 6|}{x - 3}$ en $x = 3$

c. $h(x) = \dfrac{1}{(x - 3)^4}$ en $x = 3$

d. $i(x) = \sqrt{16 - 4x}$ en $x = 3$.

e. $j(x) = \begin{cases} x+3 & si & x < 1 \\ 9 - x^2 & si & 1 < x \leqslant 3 \\ x^3 - 27 & si & 3 < x \end{cases}$ en $x = 3$.

Continuidad de una función en un intervalo

> **Definición:** Una función f es **continua sobre un intervalo** si es continua en cada punto de ese intervalo.

Por ejemplo, sea $f(x) = x^3$ y a cualquier número real.

Como $\lim\limits_{x \to a} x^3 = a^3 = f(a)$ para cualquier número real, entonces f es continua en $(-\infty, \infty)$.

Convención: Si una función es continua en un intervalo cerrado $[a, b]$, nos referimos a que es continua sólo por la derecha en $x = a$ y que es continua sólo por la izquierda en $x = b$.

Las siguientes funciones son continuas en sus dominios.

- Funciones Polinomiales

- Funciones Potencias o Raíces

- Funciones Racionales

- Funciones Exponenciales

- Funciones Logarítmicas

- Funciones Exponenciales

- Funciones Trigonométricas

- Funciones Inversas Trigonométricas

Combinación de Funciones y Continuidad

Si f y g son continuas en un intervalo, entonces las siguientes funciones también son continuas en el mismo intervalo (excepto para el cociente donde hay que excluir los x tal que $g(x) = 0$).

Suma	$f + g$	
Diferencia	$f - g$	
Producto	fg	
Multiplicación por una constante	cf	
Cociente	$\dfrac{f}{g}$	$g(x) \neq 0$

Ejercicio 2: *Encuentre dónde es continua cada una de las funciones.*

a. $f(x) = x^{4000} - 50x^{2000} - 104$

b. $g(x) = \dfrac{6x - 18}{x^2 - 3x}$

c. $h(x) = \begin{cases} \sqrt{x} & si \quad x \leqslant 4 \\ x^3 - 15x - 2 & si \quad x > 4 \end{cases}$

d. $i(x) = \sqrt{x+1} + \dfrac{x+4}{x-4}$

Continuidad y Composición de Funciones

Si dos funciones f y g son continuas, la composición $f \circ g$ es continua en su dominio.

Para encontrar el límite de la composición de funciones $f \circ g$ en $x = a$, se evalúa primero el límite b de la función interna g en $x = a$ y luego la función externa f se evalúa en b.

$$\lim_{x \to a} f \left(g(x) \right) = f \left(\lim_{x \to a} g(x) \right)$$
$$\lim_{x \to a} g(x) = b$$
$$\lim_{x \to a} f \left(g(x) \right) = f(b)$$

Ejercicio 3: Evalúe $\lim\limits_{x \to 2} \sqrt{\dfrac{x^2 - 4}{x - 2}}$, *note que la función se indefine en* $x = 2$.

Utilice la propiedad de límites para una composición de funciones.

$$\lim_{x \to 2} \sqrt{\frac{x^2 - 4}{x - 2}} = \sqrt{\lim_{x \to 2} \frac{x^2 - 4}{x - 2}}$$
$$= \sqrt{\lim_{x \to 2} \frac{(x - 2)(x + 2)}{x - 2}}$$
$$= \sqrt{\lim_{x \to 2} (x + 2)} = \sqrt{4} = 2$$

Ejercicio 4: Encuentre el valor de c *que hacen a la función* f *continua en* $(-\infty, \infty)$.

$$f(x) = \begin{cases} cx^2 + x + 2 & si \quad x < 1 \\ x^3 - cx + \sqrt{x - 1} & si \quad x \geqslant 1 \end{cases}$$

5. Continuidad aplicada a Desigualdades

La noción de continuidad puede utilizarse para resolver una desigualdad $f(x) < 0$.

Las intersecciones x de la gráfica de una función f son las raíces de la ecuación $f(x) = 0$.

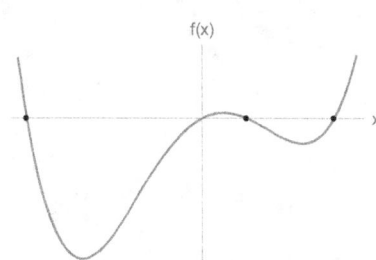

Las función f tiene tres raíces, las cuales separan cuatro intervalos abiertos sobre el eje x.

Observe que $f(x) > 0$ ó $f(x) < 0$ entre cada uno de estos intervalos porque no hay más raíces en estos intervalos.

Como f es continua entonces $f(x) > 0$ en $(-\infty, a) \cup (b, c)$ y $f(x) < 0$ en $(a, b) \cup (c, \infty)$.

Desigualdades para Funciones Polinomiales

Resuelva la desigualdad	$g(x) = x^2 - 6x + 8 > 0$
Factorice	$g(x) = (x - 2)(x - 4)$
Encuentre sus ceros	$x = 2, 4$

Como g es un polinomio, es continuo en $(-\infty, \infty)$. Para determinar el signo de $g(x)$ en cada intervalo es suficiente con determinar el signo de un número dentro del intervalo.

$$g(1) = (-1)(-3) = +3 > 0 \qquad \rightarrow \qquad g(x) > 0 \text{ en } (-\infty, 1)$$
$$g(3) = (+1)(-1) = -1 < 0 \qquad \rightarrow \qquad g(x) < 0 \text{ en } (1, 4)$$
$$g(5) = (+3)(+1) = +3 > 0 \qquad \rightarrow \qquad g(x) > 0 \text{ en } (4, \infty)$$

La solución de la desigualdad $x^2 - 6x + 8 = (x - 2)(x - 4) > 0$ es $(-\infty, 1) \cup (4, \infty)$.

El anterior análisis se puede sintetizar por medio del siguiente diagrama de signos.

- En la fila superior de la tabla se colocan los ceros de $f(x)$.

- Debajo de la fila superior, se coloca cada factor de f y su signo dentro de cada intervalo.

- Se coloca un cero donde cada término tiene un cero.

		2		4	
$x - 2$	-	^{o}	+		+
$x - 4$	-		-	^{o}	+
$g(x)$	+	^{o}	-	^{o}	+

En el renglón inferior se multiplican los signos en cada columna para encontrar los signos de f en cada intervalo.

$f(x) > 0$	en	$(-\infty, 2) \cup (4, \infty)$
$f(x) < 0$	en	$(2, 4)$

Ejercicio 1: Resuelva las siguientes desigualdades.

a. $f(x) = x^3 - 4x^2 - 5x < 0$

b. $g(x) = x^4 - 81 > 0$

c. $h(x) = x^6 - 13x^4 + 36x^2 \leqslant 0$

Resolución de desigualdades para funciones racionales

Los diagramas de signos no se limitan sólo a la resolución de desigualdades polinomiales, también de pueden resolver desigualdades con funciones racionales. Se utiliza la convención de una línea vertical gruesa para señalar los números aislados que no forman parte del dominio de la función.

Por ejemplo, resuelva $g(t) = \dfrac{t-1}{t-2} \leqslant 0$.

El cero de la función es $t = 1$ y la función se indefine en $t = 2$.

El diagrama de signos es el siguiente:

	1	2	
$(t-1)$	$-$ ^{o} $+$	$\mid$ $+$	
$(t-2)^{-1}$	$-$ $-$	$\mid$ $+$	
$g(t)$	$+$ ^{o} $-$	$\mid$ $+$	

Por lo que $g(t) \leqslant 0$ en $[1, 2)$.

Ejercicio 2: Sea $j(x) = \dfrac{x^2 - x - 6}{x^2 + 4x - 5}$.

a. Encuentre los interceptos con los ejes.

b. Utilice un diagrama de signos para encontrar donde $j(x)$ es positiva o negativa.

c. Use límites para encontrar las asíntotas verticales de $j(x)$.

d. Encuentre las asíntotas horizontales de $j(x)$.

e. Use la información anterior para graficar $j(x)$.

f. Explique si la función es uno a uno, par, impar, o ninguna.

6. Derivadas (2.7)

Rectas Secante y Tangente

Una **recta secante** es una línea que interseca a una curva en dos o más puntos.

La pendiente de la recta secante que pasa por los puntos P $(a, f(a))$ y Q $(x, f(x))$ es:

$$m_{PQ} = \frac{f(x) - f(a)}{x - a}$$

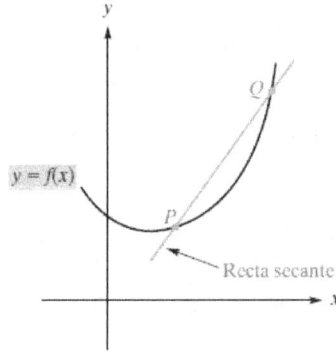

A medida que el punto Q $(x, f(x))$ se acerca al punto P $(a, f(a))$, la recta secante se vuelve una recta tangente en el límite cuando x tiende a a $(x \to a)$.

Definición: La *pendiente de la recta tangente* a la curva $y = f(x)$ en el punto P $(a, f(a))$ es:

$$m_{\tan} = \lim_{x \to a} \frac{f(x) - f(a)}{x - a} \qquad \text{si el límite existe}$$

Ejercicio 1: Encuentre la pendiente de la recta tangente a $f(x) = x^3$ en el punto $(1, 1)$.

$$m_{tan} = \lim_{x \to 1} \frac{f(x) - f(1)}{x - 1}$$
$$m_{tan} = \lim_{x \to 1} \frac{x^3 - 1}{x - 1}$$
$$m_{tan} = \lim_{x \to 1} \frac{(x - 1)(x^2 + x + 1)}{x - 1}$$
$$m_{tan} = \lim_{x \to 1} (x^2 + x + 1) = 3$$

La pendiente de la recta tangente a f en $x = 1$ es igual a 3.

La pendiente de la recta tangente también se puede calcular equivalentemente considerando la diferencia entre ambos puntos.

Sea $h = x - a$ (la diferencia entre x y a), entonces $x = a + h$.

Reescriba $\dfrac{f(x) - f(a)}{x - a}$ como $\dfrac{f(a + h) - f(a)}{h}$, para obtener la fórmula alternativa para la pendiente de la recta tangente.

Pendiente de la recta tangente en $x = a$

$$m_{\tan} = \lim_{h \to 0} \frac{f(a + h) - f(a)}{h} \qquad \text{si el límite existe}$$

La forma punto-pendiente de la recta tangente en $x = a$ es

$$y = f(a) + m_{\tan}(x - a) \qquad O \qquad y - f(a) = m_{\tan}(x - a)$$

Ejercicio 2: Encuentre la ecuación de la recta tangente a la gráfica de la función $H(x) = \sqrt{2x - 2}$ en $(3, 2)$.

La derivada como un número

La pendiente de la recta tangente es una clase de límite conocido como la **derivada de f respecto a x en x=a**.

La derivada de una función f en un número $x = a$, denotada por $f'(a)$, se lee " f prima de a", es

$$f'(a) = \lim_{h \to 0} \frac{f(a+h) - f(a)}{h} \qquad O \qquad f'(a) = \lim_{x \to a} \frac{f(x) - f(a)}{x - a}$$

si el límite existe.

- La función f es __derivable__ en $x = a$ si $f'(a)$ existe.

- La derivada de f en $x = a$ se denota como $f'(a)$.

- $f'(a)$ es la pendiente de la recta tangente para la curva $y = f(x)$ en $(a, f(a))$.

Otras dos formas para denotar la derivada de $y = f(x)$ en $x = a$ son:

$$\frac{dy}{dx}\bigg|_{x=a} \qquad y'(a)$$

Ejercicio 3: Encuentre la derivada de $f(x) = \dfrac{2x}{1+x}$ *en* $x = a$.

La derivada como una función

Al reemplazarse a por la variable x, se obtiene la función llamada **derivada de** f **en** x.

Definición: La derivada de una función f es la función denotada como f' (f prima) y definida por:

$$f'(x) = \lim_{h \to 0} \frac{f(x+h) - f(x)}{h} \qquad O \qquad f'(x) = \lim_{z \to x} \frac{f(z) - f(x)}{z - x}$$

si el límite existe.

- El dominio de $f'(x)$ consiste de los números para los cuales $f'(x)$ está definida.

- El proceso de encontrar la derivada de f se llama **diferenciación.** o **derivación**.

Ejercicio 4: Encuentre la función derivada de las funciones dadas.

a. $g(x) = \dfrac{6}{x}$

b. $h(x) = x^{3/2}$

Las notaciones comúnmente utilizadas para denotar la derivada de $y = f(x)$ en x son:

$$\frac{dy}{dx} \qquad \frac{d}{dx}[\,f(x)\,] \qquad f'(x)$$

Relación entre funciones derivables y funciones continuas

Una función f es derivable en un intervalo I si $f'(x)$ está definida en el intervalo I.

Una función que es derivable en $x = a$ también es continua en $x = a$;
PERO, una función que es continua en $x = a$ NO ES necesariamente diferenciable en $x = a$ como se observará en los siguientes dos ejemplos:

Recta Tangente Vertical

La función $H(x) = \sqrt{2x + 2}$ es continua para $x \geq -1$;
PERO, su derivada $H'(x) = \dfrac{1}{\sqrt{2x+2}}$ sólo está definida para $x > 1$.

Como $H'(1)$ no existe, entonces $H(x)$ NO es derivable en $x = -1$.

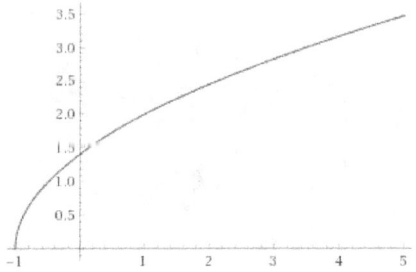

Esquinas, Picos o Cambios Abruptos

Considere la función valor absoluto: $|x| = \begin{cases} -x & x < 0 \\ x & x \geq 0 \end{cases}$.

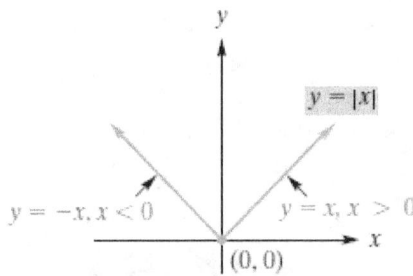

Esta función es continua en todo su dominio, pero no es derivable en $x = 0$ como se verá a continuación.

La pendiente de la recta tangente a la derecha de cero es:

$$m_{\tan} = f'(0) = \lim_{h \to 0^+} \frac{|0 + h| - |0|}{h} = \lim_{h \to 0^+} \frac{h}{h} = 1$$

La pendiente de la recta tangente a la izquierda de cero es:

$$m_{\tan} = f'(0) = \lim_{h \to 0^+} \frac{|0 + h| - |0|}{h} = \lim_{h \to 0^+} -\frac{h}{h} = -1$$

Como los límites laterales son diferentes, el límite no existe, y la función valor absoluto no es derivable en este punto.

La gráfica de esta función tiene un cambio brusco o pico en el punto $(0,0)$.

¿Cuándo una función $f(x)$ no es derivable en $x = a$?

- Caso a: $f(x)$ tiene un pico o esquina en $x = a$.

- Caso b: $f(x)$ es discontinua en $x = a$ (saltos o asíntotas verticales).

- Caso c: $f(x)$ tiene una recta tangente vertical, $f'(a) \to \infty$, en $x = a$.

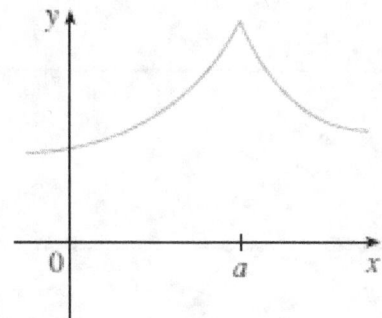
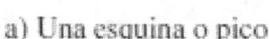
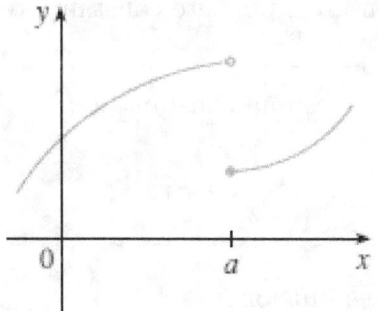

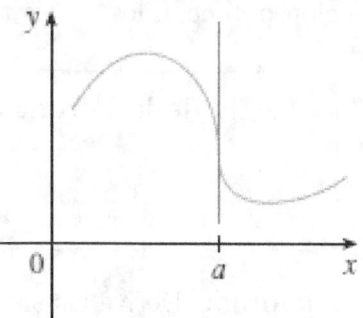

a) Una esquina o pico   b) Una discontinuidad   c) Una tangente vertical

46

7. Derivadas de Funciones Polinomiales (3.1)

Las reglas de derivación para polinomios se deducen utilizando la definición de la derivada y las leyes de límites.

Función Constante: $f(x) = c$

$$f'(x) = \lim_{h \to 0} \frac{f(x+h) - f(x)}{h} = \lim_{h \to 0} \frac{c - c}{h} = \lim_{h \to 0} \frac{0}{h} = 0$$

Función Lineal: $f(x) = x$

$$f'(x) = \lim_{h \to 0} \frac{f(x+h) - f(x)}{h} = \lim_{h \to 0} \frac{x + h - x}{h} = \lim_{h \to 0} \frac{h}{h} = 1$$

Función Cuadrática: $f(x) = x^2$

$$f'(x) = \lim_{h \to 0} \frac{(x+h)^2 - x^2}{h} = \lim_{h \to 0} \frac{x^2 + 2xh + h^2 - x^2}{h} = \lim_{h \to 0} 2x + h = 2x$$

Observe que la derivada es un polinomio de un grado menor multiplicado por la potencia anterior. Si continuamos.

$$\frac{d}{dx} x^3 = 3x^2, \qquad \frac{d}{dx} x^4 = 4x^3, \qquad \cdots$$

La Regla de la potencia, se utiliza para encontrar la derivada de cualquier polinomio o función potencia, los cuales tienen un exponente constante real.

Regla de la Potencia: si r es una constante real

$$\frac{d}{dx} x^r = rx^{r-1}$$

Ejemplo: Derive las siguientes funciones

a. $\dfrac{d}{dx}(5,008) = 0$

b. $\dfrac{d}{dx}(\log 37) = 0$ el número es una constante

c. $\dfrac{d}{dx}(x^{20}) = 20x^{19}$

d. $\dfrac{d}{dx}(x^{-9}) = -9x^{-10}$

e. $\dfrac{d}{dx}(x^{\sqrt{5}}) = \sqrt{5}x^{\sqrt{5}-1}$

Ejercicio 1: Derive las siguientes funciones. Reescriba la función antes de aplicar la regla de la potencia.

a. $f(x) = \dfrac{1}{x^7}$

b. $g(t) = \sqrt[4]{t^3}$

c. $h(w) = \dfrac{w^5}{\sqrt{w^7}}$

Reglas Básicas de Derivación

Sea c una constante y $f(x)$, $g(x)$ funciones con derivadas $f'(x)$ y $g'(x)$ respectivamente.

1. Regla del Factor Constante

$$\frac{d}{dx}[cf(x)] = cf'(x)$$

2. Regla de la Suma

$$\frac{d}{dx}[f(x) + g(x)] = f'(x) + g'(x)$$

3. Regla de la Diferencia

$$\frac{d}{dx}[f(x) - g(x)] = f'(x) - g'(x)$$

Ejercicio 2: Derive las siguientes funciones.

- $a(x) = \sqrt[4]{\pi} + 8^{\log_2 8}$

- $b(x) = \dfrac{1}{30}x^{60} + 5x^7 - 2x^{1.5}$

- $c(x) = \sqrt[7]{x^5} - \dfrac{3}{x^{11}}$

A veces hay que simplificar la función antes de usar las reglas de derivación.

- $d(x) = (x+1)(x^3 + 2x^2)$

- $e(x) = \dfrac{x^4 + 2x^{3/2} + 6x - 8}{2x^2}$

- $f(x) = (4x)^3$

- $g(x) = (x-2)(x^2 + 2x + 4)$

Estrategia para determinar la ecuación de la recta tangente en x=a

1. Encuentre la derivada de la función $y'(x)$.

2. Evalúe la derivada en $x = a$ $f'(a) = y'(a)$.

3. Si es necesario determine el valor de la coordenada en y $y(a) = f(a)$.

4. La ecuación (forma punto-pendiente) de la recta tangente es: $y = f(a) + f'(a)(x-a)$.

Ejercicio 3: Encuentre la ecuación de la recta tangente a $y = 2x^6 - 3x^2 + 2$ en $x = 1$.

Recta Tangente Horizontal

Una recta horizontal tiene un valor de pendiente igual a cero $m = 0$.

La curva de la función $y = f(x)$ tiene una recta tangente horizontal en $x = a$ si $f'(a) = 0$.

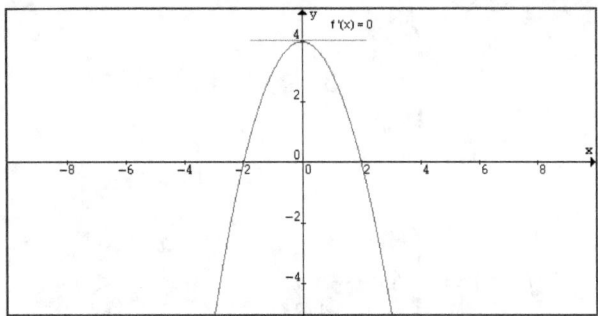

Tangente Horizontal a $y = f(x) = 4 - x^2$ en el punto $(0, 4)$.

Ejercicio 4: Encuentre todos los puntos sobre la curva $y = \dfrac{5}{3}x^3 - x^5$ en los que la recta tangente es horizontal.

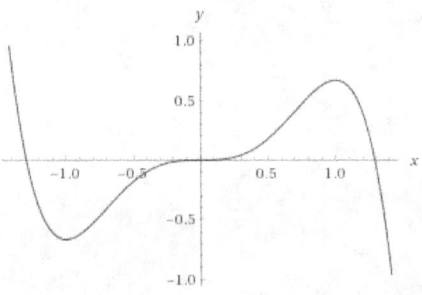

Ilustración Ejercicio 4

Derivación de Funciones Definidas por tramos

Cada tramo se deriva utilizando las reglas de derivación conocidas.

Por ejemplo, la derivada de

$$f(x) = \begin{cases} x^3 + 2x & , & x \leqslant 0 \\ x^4 - 3x^2 & , & 0 < x \leqslant 1 \\ \sqrt{x} - 3 & , & x > 1 \end{cases}$$

es

$$f'(x) = \begin{cases} 3x^2 + 2 & , & x < 0 \\ 4x^3 - 6x & , & 0 < x < 1 \\ 0.5x^{-1/2} & , & x > 1 \end{cases}$$

Observe que la función no es derivable en $x = 0, 1$ porque $f'(x)$ tiene saltos en estos puntos.

Ejercicio 5: Derive la siguiente función y explique si es derivable en $x = 1$

$$f(x) = \begin{cases} 3\sqrt[3]{x} & , & x < 1 \\ \dfrac{3}{x} & , & x \geqslant 1 \end{cases}$$

Ejercicios Funciones Derivables

Recuerde que una función es derivable en $x = a$ si f'(a) existe.

Ejercicio 6: Determine dónde cada una de las siguientes funciones es derivable.

a. $f(t) = \dfrac{1}{t^4}$

b. $g(t) = \sqrt[5]{t}$

c. $h(t) = |2t - 4|$

8. Derivada de la función exponencial natural (3.1)

Utilice la definición de la derivada.

$$f'(x) = \lim_{h \to 0} \frac{f(x+h) - f(x)}{h}$$

$$f'(x) = \lim_{h \to 0} \frac{e^{x+h} - e^x}{h}$$

$$f'(x) = e^x \lim_{h \to 0} \frac{e^h - 1}{h} = e^x \cdot 1 = e^x$$

El límite anterior es igual a 1 y proporciona la definición del número irracional e.

$$\lim_{h \to 0} \frac{e^h - 1}{h} = \lim_{h \to 0} 1$$

$$\lim_{h \to 0} e^h - 1 = \lim_{h \to 0} h$$

$$\lim_{h \to 0} e^h = \lim_{h \to 0} 1 + h$$

$$\lim_{h \to 0} e = \lim_{h \to 0} (1+h)^{1/h}$$

Derivada de e^x	$\dfrac{d}{dx}\left(e^x \right) = e^x$

Ejemplo: Calcule la primera, segunda y tercera derivada de $h(t) = 4e^t - 4t^2$ respecto a t.

$$h'(t) = 4e^t - 8t$$

$$h''(t) = 4e^t - 8$$

$$h'''(t) = 4e^t$$

Ejercicio 1: Encuentre la ecuación de la recta tangente a $y = e^x + 4x + x^2$ en $x = 0$.

Se pueden encontrar derivadas de productos o cocientes de funciones, pero estas reglas se verán en la siguiente sección.

9. Reglas del Producto y del Cociente (3.2)

Encuentre la derivada de $F(x) = (x^4 + x^2)(5x^5 + 20)$

Por el momento, sólo podemos simplificar la expresión y después utilizar la regla de la potencia para cada término.

$$F(x) = 5x^9 + 20x^4 + 5x^7 + 20x^2$$
$$F'(x) = 45x^8 + 80x^3 + 35x^6 + 40x$$

En muchos problemas la multiplicación es extensa como en $(x^3 + x^2 + x)(x^4 - x^3 - x^2)$ ó en $(x+1)^{10}(x-5)^9$, o no es posible simplificar la función como en $x^2 e^x$, $x^3 \ln x$.

La regla del Producto

Si f y g son funciones diferenciables, entonces el producto fg es diferenciable y

$$\frac{d}{dx}\Big(f(x)g(x) \Big) = f'(x)g(x) + f(x)g'(x)$$

Se puede escribir de manera más abreviada como

$$(fg)' = f'g + fg'$$

Ejercicio 1:   Derive las siguientes funciones.

a. $F(x) = \underbrace{(x^4 + x^2)}_{u}\underbrace{(5x^5 + 20)}_{v}$ $F'(x) = \underbrace{(4x^3 + 2x)}_{u'}\underbrace{(5x^5 + 20)}_{v} + \underbrace{(x^4 + x^2)}_{u}\underbrace{(25x^4)}_{v'}$

b. $G(x) = (\sqrt{x} + x - 2) (\sqrt{x} - x)$

c. $H(x) = e^x(x^5 + e^x + x^3)$

En algunos problemas es preferible simplificar la expresión antes que derivarla.

d. $d(x) = x^{1/2}(2x^{1/2} + 8x^{-1/2})$.

Simplifique:	$d(x) = 2x + 8$
Derive:	$d'(x) = 2$

La regla del producto resulta en una simplificación más extensa.

Derive:	$d'(x) = \dfrac{1}{2}x^{-1/2}(2x^{1/2} + 8x^{-1/2}) + x^{1/2}(x^{-1/2} - 4x^{-3/2})$
Simplifique:	$d'(x) = 1 + 4x^{-1} + 1 - 4x^{-1} = 1 + 1 = 2$

e. $e(x) = x^{-4}x^{1012}$ Sume exponentes y luego derive

f. $f(x) = (x^{3/2} - 4)(x^{3/2} + 4)$ Diferencia de cuadrados

g. $g(x) = (x + 2)(x^2 - 2x + 4)$ Suma de cubos

Si no se simplifica $g(x)$, la derivación es más complicada si se utiliza la regla del producto.

$$g'(x) = (x^2 - 2x + 4) + (x + 2)(2x - 2) = x^2 - 2x + 4 + 2x^2 + 2x - 4 = 3x^2$$

Regla del Cociente:

Si f y g son funciones diferenciables y $g(x) \neq 0$, entonces la derivada del cociente de funciones f/g es:

$$\frac{d}{dx}\left(\frac{f(x)}{g(x)}\right) = \frac{f'(x)g(x) - f(x)g'(x)}{g^2(x)}$$

La Regla del Cociente se puede escribir de manera más abreviada como:

$$\frac{d}{dx}\left(\frac{f}{g}\right) = \frac{f'g - fg'}{g^2} \qquad\qquad \frac{A' \times B - B'A}{(B)^2}$$

Se puede visualizar como la regla $A'B \; B'A$ si A es la función alta y B es la función baja.

Advertencia: Esta regla es más complicada que la regla del producto, además es NECESARIO recordar donde va el signo menos.

$$\underbrace{A'B - B'A}_{Correcta} \neq \underbrace{AB' - A'B}_{Incorrecta}$$

Ejercicio 2: Derive las siguientes funciones. Simplifique cada derivada.

a. $a(x) = \dfrac{2x^2}{x^2 + 5}$

$$a'(x) = \frac{4x(x^2 + 5) - 2x(2x^2)}{(x^2 + 5)^2} = \frac{20x}{(x^2 + 5)^2}$$

b. $b(x) = \dfrac{9 - x^2}{9 + x^2}$

c. $c(x) = \dfrac{x^{7/2} - 4}{x^{7/2} + 4}$

En algunos casos es recomendable simplificar el cociente de funciones antes que derivarlo.

Ejercicio 3:   Derivadas de funciones sin usar la regla del cociente

a). $f(x) = \dfrac{2x^5}{3,000}$ Derive la función potencia y multiplique por la constante 2/3000 .

$$f'(x) = \frac{10x^4}{3,000} = \frac{x^4}{300}$$

Si se usa la regla del cociente se obtiene la misma derivada con más complicación.

$$f'(x) = \frac{10x^4 \cdot 3,000 - 0 \cdot 2x^5}{(3,000)^2} = \frac{10 \cdot 3,000}{(3,000)^2} x^4 = \frac{x^4}{300}$$

b). $g(x) = \dfrac{x^{7/2}}{\sqrt{x}}$

c). $h(x) = \dfrac{6\sqrt[3]{x^7} - \sqrt[3]{x^4} + 2\sqrt[3]{x^{-2}}}{\sqrt[3]{x}}$

Diferenciación de un Producto de tres Funciones

Encuentre la derivada de $\quad y = fgh = (fg)\, h.$

Combine f y g como una sola función (fg) y utilice la regla del producto 2 veces.

Primera regla del producto	$y' = (fg)'h + fgh'$
Segunda regla del producto	$y' = f'gh + fg'h + fgh'$

$$(fgh)' = f'gh + fg'h + fgh'$$

Para un producto de dos o más funciones, derive cada función una a una y multiplíquela por el resto de funciones, sume y continue derivando la siguiente función.

Por ejemplo, la derivada para un producto de cuatro funciones es:

$$[wxyz]' = w'xyz + wx'yz + wxy'z + wxyz'$$

Ejercicio 4: Derive las siguientes funciones: No simplifique la respuesta.

a. $w(x) = x^2 e^x \operatorname{sen} x.$ $\quad$ se va ver en (3.3) que $\quad (\sin x)' = \cos x$.

$$w'(x) = 2xe^x \operatorname{sen} x + x^2 e^x \sin x + x^2 e^x \cos x$$

b. $T(u) = e^u(u^2 - 1)(u^2 - 2)$

Las derivadas de unas funciones combinan la regla del producto y del cociente.

c. $s(t) = \dfrac{te^t}{(t+1)}$

10. Derivadas de Orden Superior (2.8)

La derivada de una función $y = f(x)$ es en sí misma una función $f'(x)$.

Cuando se diferencia $f'(x)$, la función resultante se conoce como la *segunda derivada de f con respecto a x* y se denota como $f''(x)$, f doble prima de x.

La derivada de la segunda derivada se conoce como la *tercera derivada de f con respecto a x* y se escribe como $f'''(x)$.

Los siguientes símbolos se utilizan para representar las derivadas de orden superior.

Primera Derivada	$y'(x)$	$f'(x)$	$\dfrac{dy}{dx}$	$\dfrac{d}{dx}f(x)$
Segunda Derivada	$y''(x)$	$f''(x)$	$\dfrac{d^2y}{dx^2}$	$\dfrac{d^2}{dx^2}f(x)$
Tercera Derivada	$y'''(x)$	$f'''(x)$	$\dfrac{d^3y}{dx^3}$	$\dfrac{d^3}{dx^3}f(x)$
Cuarta Derivada	$y^{(4)}(x)$	$f^{(4)}(x)$	$\dfrac{d^4y}{dx^4}$	$\dfrac{d^4}{dx^4}f(x)$

Ejercicio 1. Encuentre todas las derivadas de orden superior para las siguientes funciones.

a). $f(x) = x^5 - x^4 - x^3 + x^2 - x + 1$

b.) $g(x) = 4x^3 + 24x^2 - 10x + 1,000$

Observación: Para todo polinomio de grado n, las n-ésima y subsecuentes derivadas son iguales a la función cero.

11. Aplicaciones de la Derivada (2.8)

Hemos visto con anterioridad que la derivada proporciona la pendiente de la recta tangente a $y = f(x)$ en $x = a$.

Derive:	$f'(x)$
Pendiente:	$m_{tan} = f'(a)$
Recta Tangente:	$y = f(a) + f'(a)(x - a)$

Velocidades

Asuma que un objeto o partícula se mueve a lo largo de una línea recta, $s = f(t)$ es la función de **desplazamiento** del objeto.

La **Velocidad Promedio** desde $t = a$ hasta $t = a + h$ es el cambio en la posición $\Delta s = f(a + h) - f(a)$ sobre el cambio en t, $\Delta t = a + h - a = h$.

$$\bar{v} = \frac{f(a + h) - f(a)}{h}$$

La **Velocidad Instantánea** es el límite de la velocidad promedio cuando $h \to 0$.

$$\bar{v} = \lim_{h \to 0} \frac{f(a + h) - f(a)}{h}$$

La cual es la derivada del desplazamiento $v = s'(t)$.

La **distancia** es el valor absoluto del desplazamiento: $d = |s(t)|$.

La **rapidez** es el valor absoluto de la velocidad: $r = |v(t)|$.

Ejercicio 1: *La función de posición de una partícula es $s(t) = t^2 - 4t + 16$ metros a los t segundos. Encuentre la velocidad instantánea a los 2 segundos y a los 4 segundos.*

Aceleración

En un problema de desplazamiento de un objeto en una dimensión:

- La **velocidad** es la derivada del desplazamiento $v(t) = s'(t)$.

- La **aceleración** es la derivada de la velocidad $a(t) = v'(t) = s''(t)$.

Dada la posición de un objeto, la segunda derivada se puede interpretar como su aceleración.

Ejercicio 2:   *Una pelota se lanza al aire con una velocidad de 32 pies/s. La altura de la pelota a los t segundos es* $h(t) = 32t - 16t^2$.

a. Encuentre la velocidad y la aceleración de la pelota en cualquier momento.

Encuentre la primera y segunda derivada de $h(t)$.

Velocidad:	$v(t) = h'(t) = 32 - 32t$	$pies/s$
Aceleración:	$a(t) = h''(t) = -32$	$pies/s^2$

b. Encuentre cuando la velocidad es igual a cero.

Resuelva $v(t) = 0$

$$v(t) = 32 - 32t = 32(1 - t) = 0 \quad \Rightarrow \quad t = 1$$

La velocidad de la pelota es cero en 1 segundo.

c. Determine la altura de la pelota cuando la velocidad es cero.

Evalúe la función de altura en $t = 1$.

$$h(1) = 32 - 16 = 16$$

La altura de la pelota es de 16 pies cuando está en reposo.

d. ¿En qué momentos la pelota hace contacto con el suelo? Encuentre la velocidad de la pelota en cada momento.

Resuelva $h(t) = 0$

$$h(t) = 32t - 16t^2 = 16t(2 - t) = 0 \quad \Rightarrow \quad t = 0, 2$$

La pelota hace contacto con el suelo a los 0 y a los 2 segundos.

$$v(0) = 32 - 0 = +32 \qquad\qquad pies/s$$
$$v(2) = 32 - 64 = -32 \qquad\qquad pies/s$$

La velocidad de la pelota a los 0 s es de 32 pies/s (subiendo).
La velocidad a los 2 s es de -32 pies/s (cayendo).

e. Grafique la trayectoria de la pelota.

f. Encuentre el dominio y rango físico de $h(t)$.

Como $h(t) \geqslant 0$, su dominio físico está entre los dos momentos que se hace contacto con el suelo. El rango físico está entre el suelo y la altura máxima de la pelota de 16 pies.

Dominio Físico: $[0, 2]$
Rango Físico: $[0, 16]$

Razones de Cambio

La tasa promedio de cambio es la razón entre el cambio en y, denotado como Δy, y el cambio en x, denotado como Δx. Dados dos puntos $(x, f(x))$ y $(a, f(a))$.

$$\text{Tasa Promedio de Cambio} \qquad \frac{\Delta y}{\Delta x} = \frac{f(x) - f(a)}{x - a}$$

A medida que x se acerca a a, la diferencia en x tiende a cero $(\Delta x \to 0)$, y en el límite se obtiene la tasa instántanea de cambio, la cual es la pendiente de la recta tangente en $x = a$.

$$\text{Tasa Instantánea de Cambio} \qquad \frac{dy}{dx} = \lim_{\Delta x \to 0} \frac{\Delta y}{\Delta x}$$

Por lo tanto la derivada $y'(x)$ también se puede interpretar como la razón instantánea de cambio de y respecto a x. La **tasa o razón instántanea de cambio** también se conoce como la **razón de cambio**.

Ejercicio 3: *El costo (en Q) de producir x toneladas de cierto artículo es:*

$$C(x) = 2000 + 5x + x^3$$

a. Encuentre la razón de cambio promedio del costo respecto a x cuando el nivel de producción cambia de à 2 a 4 toncladas.

b. Halle la razón de cambio instantáneo del costo en $x = 2$.
   La razón de cambio del costo respecto a x se conoce como costo marginal.

Aplicaciones de la razón de cambio a la economía

Sea q la cantidad de unidades producidas (también se puede medir como una masa (libras o kilogramos) o un volumen (litros, galones).

Las funciones de costo, ingreso, demanda y utilidad dependen del nivel de producción q.

Costo	$C(q)$
Demanda-precio	$p(q)$
Ingreso	$I(q) = p\,q$
Utilidad	$U(q) = I - C$

El **costo marginal** es el incremento en el costo al producir 1 unidad adicional.
Se puede calcular como un incremento en y, pero también se puede definir como la derivada del costo C respecto a la cantidad q.

Costo Marginal:	$CM = C'(q)$

Del mismo modo,

Ingreso Marginal:	$IM = I'(q)$
Utilidad Marginal:	$UM = U'(q) = IM - CM$

Ejercicio 4: *La ecuación de costo de un fabricante de acero es*

$$C = q^2 + 100q + 1,000,000$$

donde q está dado en toneladas métricas y las unidades del costo está en dólares.

a. Encuentre la función de costo marginal. Derive la función de costo.

$$CM = C'(q) = 2q + 100$$

b. Encuentre el costo marginal cuando se producen 50 toneladas. Interprete el resultado.

$$CM = C'(50) = 2(50) + 100 = 200 \qquad Q/ton$$

Interpretación: Cuando la producción aumenta de 50 a 51 toneladas, el costo aumenta en $200.

c. El precio de venta de una tonelada de acero es constante y de $800 por tonelada métrica. ¿Recomienda producir la quincuagésima primera tonelada de acero?

Si se aumenta la producción a 51 toneladas, el costo aumenta en $ 200, mientras que el ingreso aumenta en $ 800, como la utilidad aumenta en $600, SI se recomienda producir la quincuagésima primera tonelada de acero.

12.   Derivadas de Funciones Trigonométricas   (3.3)

Límites Trigonométricos

Las derivadas de seno y coseno se encuentran utilizando identidades trigonométricos y el siguiente límite indeterminado de la forma 0/0 pero que existe y es igual a 1.

$$\lim_{\theta \to 0} \frac{\operatorname{sen}\theta}{\theta} = 1$$

Este límite se encuentra utilizando geometría y propiedades de desigualdades.

Utilizando este límite, podemos evaluar el siguiente límite:

$$\lim_{\theta \to 0} \frac{\cos\theta - 1}{\theta} \cdot \frac{\cos\theta + 1}{\cos\theta + 1} = \lim_{\theta \to 0} \frac{\cos^2\theta - 1}{\theta(\cos\theta + 1)} = \lim_{\theta \to 0} \frac{-\operatorname{sen}^2\theta}{\theta(\cos\theta + 1)}$$

Usando propiedades de límites y el valor del límite trigonométrico especial

$$\lim_{\theta \to 0} \frac{-\operatorname{sen}^2\theta}{\theta(\cos\theta + 1)} = -\lim_{\theta \to 0} \frac{\operatorname{sen}\theta}{\theta} \lim_{\theta \to 0} \frac{\operatorname{sen}\theta}{\cos\theta + 1} = -1 \cdot \frac{0}{2} = 0$$

Límites Trigonométricos Especiales

$$\lim_{\theta \to 0} \frac{\operatorname{sen}\theta}{\theta} = 1$$

$$\lim_{\theta \to 0} \frac{\cos\theta - 1}{\theta} = 0$$

Las siguientes identidades trigonométricas se utilizan para encontrar las derivadas de las funciones seno y coseno.

Teorema de Pitágoras: $\operatorname{sen}^2(x) + \cos^2(x) = 1$

$\div \operatorname{sen}^2 x$ $1 + \cot^2(x) = \csc^2(x)$

$\div \cos^2 x$ $\tan^2(x) + 1 = \sec^2(x)$

Suma de Ángulos: $\operatorname{sen}(x + y) = \operatorname{sen} x \cos y + \cos x \operatorname{sen} y$

$\cos(x + y) = \cos x \cos y - \operatorname{sen} x \operatorname{sen} y$

Derivada de seno $\quad f(x) = \operatorname{sen} x$

Usando la definición de derivada y la identidad para suma de ángulos.

$$f'(x) = \lim_{h \to 0} \frac{\operatorname{sen}(x+h) - \operatorname{sen} x}{h} = \lim_{h \to 0} \frac{\operatorname{sen} x \cos h + \cos x \operatorname{sen} h - \operatorname{sen} x}{h}$$

Agrupe términos y utilice propiedades de límites

$$f'(x) = \cos x \cdot \underbrace{\lim_{h \to 0} \frac{\operatorname{sen} h}{h}}_{1} + \operatorname{sen} x \cdot \underbrace{\lim_{h \to 0} \frac{\cos h - 1}{h}}_{0} = 1 \cdot \cos x + 0 \cdot \operatorname{sen} x = \cos x$$

Derivada de seno: $\quad \dfrac{d}{dx}\left(\operatorname{sen} x \right) = \cos x.$

Derivada de coseno: $\quad \dfrac{d}{dx}\left(\cos x \right) = -\operatorname{sen} x.$

Se utiliza un procedimiento similar para encontrar la derivada de coseno.

Ejercicio 1: Derive las siguientes funciones.

a. $f(x) = \operatorname{sen} x + 2e^x - 10x^2$

$$f'(x) = \cos x + 2e^x - 20x$$

b. $g(x) = e^x \operatorname{sen} x$

c. $h(x) = \dfrac{\cos x}{x^4}$

d. $i(x) = \operatorname{sen}^2 4x + \cos^2 4x$

Derivadas de tangente, cotangente, etc.

Al conocer las derivadas de seno y coseno, las derivadas para el resto de las funciones trigo-nométricas se encuentran por medio de la regla del cociente.

Por ejemplo,

$$\frac{d}{dx}\left(\tan x\right) = \frac{d}{dx}\left(\frac{\operatorname{sen} x}{\cos x}\right)$$

$$= \frac{\cos^2 x + \operatorname{sen}^2 x}{\cos^2 x} = \frac{1}{\cos^2 x} = \sec^2 x$$

$$\frac{d}{dx}\left(\csc x\right) = \frac{d}{dx}\left(\frac{1}{\operatorname{sen} x}\right)$$

$$= \frac{0 \cdot \operatorname{sen} x - 1 \cdot \cos x}{\operatorname{sen}^2 x} = -\frac{\cos x}{\operatorname{sen} x}\frac{1}{\operatorname{sen} x} = -\csc x \cot x$$

Las derivadas de cotangente y secante se encuentran de manera similar.

Derivadas de Funciones Trigonométricas

$$\frac{d}{dx}\left(\operatorname{sen} x\right) = \cos x \qquad\qquad \frac{d}{dx}\left(\csc x\right) = -\csc x \cot x$$

$$\frac{d}{dx}\left(\cos x\right) = -\operatorname{sen} x \qquad\qquad \frac{d}{dx}\left(\sec x\right) = \sec x \tan x$$

$$\frac{d}{dx}\left(\tan x\right) = \sec^2 x \qquad\qquad \frac{d}{dx}\left(\cot x\right) = -\csc^2 x$$

Ejercicio 2: *Derive las siguientes funciones.*

a. $f(x) = \cot x \csc x$ — Utilice la Regla del Producto.

$$f'(x) = -\csc^2 x \csc x - \csc x \cot x \cot x = -\csc^3 x - \csc x \cot^2 x$$

b. $g(x) = \sec x(1 + \tan x + \operatorname{sen} x)$

c. $h(x) = \dfrac{\tan x}{1 + \tan x}$ — Utilice la Regla del Cociente.

$$h'(x) = \frac{\sec^2 x(1 + \tan x) - \sec^2 x \tan x}{(1 + \tan x)^2} = \frac{\sec^2 x}{(1 + \tan x)^2}$$

Ejercicio 3:   Un resorte vibra horizontalmente sobre una superficie nivelada con un movimiento armónico y amortiguado.
Su ecuación de movimiento a los t segundos es $s(t) = 4e^{-t}\cos t,$ centímetros.

a. Encuentre la velocidad y la aceleración en el instante t.

b. Encuentre el desplazamiento, velocidad y aceleración en $t = \dfrac{\pi}{2}$ segundos.

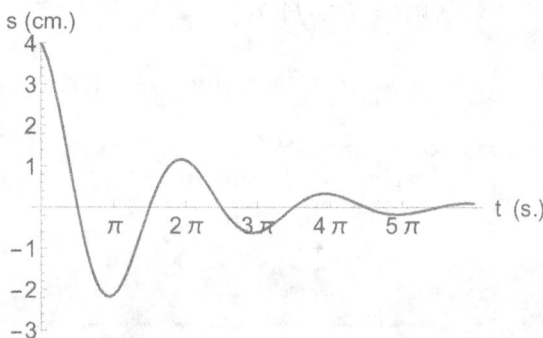

En un movimiento amortiguado, el desplazamiento del resorte tiende al reposo por la fricción, por lo que $s(t) \to 0$ a medida que $t \to \infty$.

68

13.   Regla de la Cadena   (3.4)

Para encontrar la derivada de $F(x) = (x^3 + 1)^2$ es necesario desarrollar antes de derivar.

Expanda	$F(x) = x^6 + 2x^3 + 1$
Derive	$F'(x) = 6x^5 + 6x^2$
Factorice	$F'(x) = 6x^2(x^3 + 1)$

Note que $F(x)$ es una composición de funciones $y = f \circ g = f[g(x)]$ donde $f(x) = x^2$ y $g(x) = x^3 + 1$.

La derivada $y'(x)$ es el producto de la derivada de las dos funciones que conforman la composición $f'[g(x)] = 2(x^3 + 1)$ y $g'(x) = 3x^2$.

$$y'(x) = f'(g)\, g'(x) = 2(x^3 + 1)3x^2$$

Las derivadas de funciones con expansiones largas como $(x^4 + x + 4)^{20}$, funciones que no se pueden expander como $(x^4 + xe^x)^{5/2}$ y funciones compuestas por varias funciones como $(\sqrt{x^4 + 1} + 5x^2)^6$ se pueden encontrar calculando las derivadas de las funciones que conforman la composición.

Regla de la Cadena

Si g es derivable en x y f es derivable en $g(x)$ entonces la función compuesta $F = f \circ g$ es derivable en x y F' está dada por: (el producto de la derivada de la función externa y de la derivada de la función interna)

$$F'(x) = f'[g(x)]\, g'(x)$$

Forma Alternativa Regla de la Cadena

Sea $y = f(u)$ & $u = g(x)$ entonces $y = f[\, g(x)\,]$.

Encuentre primero la derivada de y respecto a u, luego la derivada de u respecto a x.

$$\frac{dy}{dx} = \frac{dy}{du}\frac{du}{dx}$$

$$y \underset{derive}{\longrightarrow} u \underset{derive}{\longrightarrow} x$$

Ejercicio 1:   Derive las siguientes funciones

a. $y(x) = [x^3 + x]^4$ Observe que $y(x) = f(\ g(x)\ )$

La función externa es: $f(x) = x^4$ y su derivada es $f'(x) = 4x^3$.
La función interna es: $g(x) = x^3 + x$ y su derivada es $u'(x) = 3x^2 + 1$.
La derivada de y es: $y'(x) = \underbrace{4[x^3 + x]^3}_{f'(g)} \underbrace{(3x^2 + 1)}_{g'}$

b. $F(x) = [x^5 - 10x^4 + 10x^3 - 5x + 1,000]^{2,003}$

c. $H(x) = \dfrac{3}{(x^2 + 3)^3}$.   Reescriba $H(x)$ para no usar la regla del cociente.

d. $s(t) = e^{t^2 + 3t + 8}$

e. $f(\theta) = e^{\operatorname{sen}\theta} + \operatorname{sen}(e^{\theta})$

f. $p(q) = \sqrt[5]{(3q^3 + 2q - q^{-1})^4}$

Composición de dos o más funciones

Derive $y = f(\,g[h(x)]\,) = f \circ g \circ h$.

La derivada $y'(x)$ es el producto de las derivadas de las tres funciones que conforman la composición.

$$y'(x) = f'(\,g[h(x)]\,)\,g'[h(x)]\,h'(x)$$

Se obtiene la misma función si $y = f(u)\quad u = g(w)\quad w = h(x)$. Hay dos variables intermedias antes de la variable x, la regla de la cadena se puede visualizar también como:

$$\frac{dy}{dx} = \frac{dy}{du}\frac{du}{dw}\frac{dw}{dx}$$
$$y \underbrace{\rightarrow}_{derive} u \underbrace{\rightarrow}_{derive} w \underbrace{\rightarrow}_{derive} x$$

Ejercicio 2: Derive las siguientes funciones.

a. $w(x) = \mathrm{sen}^4(\sqrt{x})$ Reescriba como $w(x) = [\,\mathrm{sen}(x^{1/2})\,]^4$

Aplique la regla de la cadena dos veces.

$$w'(x) = 4[\,\mathrm{sen}(x^{1/2})\,]^3 \cos(x^{1/2})0.5x^{-1/2} - \frac{2}{\sqrt{x}}\,\mathrm{sen}^3(\sqrt{x})\cos(\sqrt{x})$$

b. $y(x) = \sqrt{(2x^2+1)^4 - 2(2x^2+1)^2}$

c. $z(x) = \tan\left(e^{x^2+x}\right)$

La regla de la Cadena se puede combinar con las otras reglas de derivación, en especial con la regla del producto y del cociente.

Ejercicio 3: *Derive las siguientes funciones.*

a). $f(x) = e^{t^3 + 4t^{3/2}} \operatorname{sen}\left(\dfrac{1}{t} + \dfrac{1}{t^2}\right)$

b). $z(s) = \left(\dfrac{3s^2 + 1}{4s - 4}\right)^5$

Ejercicio 4: *Encuentre la ecuación de la recta tangente a la curva dada por* $y = x\sqrt{17 - x^2}$ *en* $x = 4$.

Derivadas de funciones exponenciales con base a

Encuentre la derivada de $y = a^x$.

Como $u = e^{\ln u}$, sea $u = a^x$ y reescriba la función exponencial como:

$$y = a^x = e^{\ln a^x} = e^{x \ln a}$$

La derivada de e^x es conocida, por lo que aplique la regla de la cadena

$$y'(x) = e^{x \ln a} \ln a = a^x \ln a$$

Derivada de la función exponencial de base a

$$\frac{d}{dx}\left(a^x \right) = a^x \ln a$$

La regla de la cadena se utiliza para encontrar las derivadas de funciones como $a^{u(x)}$.

Ejercicio 5: *Derive las siguientes funciones*

a. $y(x) = 5^{\operatorname{sen}(x^2)}$ Derive primero la función exponencial y luego el exponente.

$$y'(x) = 5^{\operatorname{sen}(x^2)}(\ln 5)2x \cos(x^2)$$

b. $g(u) = 10^{2u\sqrt{u+1}}$

c. $h(x) = e^2 e^{x^2} e^{-2x^3}$

14. Derivadas de Funciones Logarítmicas (3.6)

Las derivadas de las funciones logarítmicas $y = \log_b x$ y las funciones exponenciales b^x no se pueden encontrar por medio de la derivación implícita.

Utilice la definición de derivada, propiedades de logaritmos y la definición del número e.

$$\lim_{n \to \infty} \left(1 + \frac{1}{n}\right)^n = e \approx 2.7182818$$

$$f'(x) = \lim_{h \to 0} \frac{\ln(x + h) - \ln(x)}{h} \qquad \text{use } \ln a - b = \ln \frac{a}{b}$$

$$f'(x) = \lim_{h \to 0} \frac{1}{h} \ln \left(\frac{x + h}{x}\right) \qquad \text{use } r \ln a = \ln a^r$$

$$f'(x) = \lim_{h \to 0} \ln \left(\frac{x + h}{x}\right)^{1/h} \qquad \text{use } r \ln a = \ln a^r$$

$$f'(x) = \ln \left[\lim_{h \to 0} \left(1 + \frac{h}{x}\right)^{1/h}\right] \qquad \text{propiedades de límites}$$

Sea $n = x/h$, cuando $h \to 0$, $n \to \infty$, reemplace $\dfrac{1}{h} = \dfrac{n}{x}$

$$f'(x) = \ln \left[\lim_{n \to \infty} \left(1 + \frac{1}{n}\right)^{n/x}\right] \qquad \text{propiedades de logaritmos}$$

$$f'(x) = \frac{1}{x} \ln \left[\lim_{n \to \infty} \left(1 + \frac{1}{n}\right)^{n}\right] \qquad \text{definición del número e}$$

$$f'(x) = \frac{1}{x} \ln[e] = \frac{1}{x}$$

Derivada de $\ln x$ $\qquad \dfrac{d}{dx}\left(\ln x\right) = \dfrac{1}{x} \qquad$ para $x > 0$

Ejemplo: Encuentre la derivada de $f(x) = \ln |x|$.

Utilizando la definición de valor absoluto $\ln |x| = \begin{cases} \ln(-x) & x < 0 \\ \ln(+x) & x > 0 \end{cases}$.

Derivando $\dfrac{d}{dx}(\ln(-x)) = \dfrac{-1}{-x} = \dfrac{1}{x}$, además $\dfrac{d}{dx}(\ln(x)) = \dfrac{1}{x}$.

Derivada de $\ln |x|$ $\qquad \dfrac{d}{dx}\left(\ln |x|\right) = \dfrac{1}{x} \qquad$ para $x \neq 0$

Ejercicio 1: *Diferencie las siguientes funciones*

a. $f(x) = x^8 \ln x$ Utilice la regla del producto.

$$f'(x) \;=\; 8x^7 \ln x + x^8 \frac{1}{x} \;=\; 8x^7 \ln x + x^7$$

b. $g(y) = \dfrac{\ln y}{y^2}$ Simplifique su respuesta.

c. $h(z) = \ln e + \log_{10} 10 + \log_2 2$

d. $r(t) = \csc t \ln t \;+\; e^t \ln t$

e. $u(w) = \sqrt[3]{e^x + \ln x}$

Regla de la Cadena para Funciones Logarítmicas

Encuentre la derivada de $y = \ln[\, u(x)\,]$, donde $u(x)$ es una función derivable.

Utilice la regla de la cadena $\dfrac{dy}{dx} = \dfrac{dy}{du}\dfrac{du}{dx} = \dfrac{u'(x)}{u(x)}$.

La derivada de una función logarítmica es la derivada $u'(x)$ dividido por $u(x)$.

$$\frac{d}{dx}\left(\,\ln u(x)\,\right) = \frac{u'(x)}{u(x)} \qquad\qquad \frac{d}{dx}\left(\,\ln |u(x)|\,\right) = \frac{u'(x)}{u(x)}$$

Ejercicio 2: Derive las siguientes funciones. Simplifique la respuesta

a. $w(x) = \ln(5x^4 + 10x^2 + 20)$

b. $x(y) = \ln\left(\dfrac{y+3}{y-3}\right)$

c. $y(z) = \ln(\sec z)$

d. $z(w) = \ln(\sec w + \tan w)$

Las propiedades de logaritmos se pueden utilizar para rescribir logaritmos.

Propiedades de Logaritmos

$$\ln(xy) = \ln x + \ln y \qquad\qquad \ln(x^r) = r\ln x$$

$$\ln\left(\frac{x}{y}\right) = \ln x - \ln y \qquad\qquad \ln(e^x) = x$$

Ejercicio 3: *Simplifique la función logarítmica, luego derívela.*

- $a(x) = \ln(e^{x^2} x^{200})$

Observación: Sin estas propiedades, el problema de derivación es más extenso.

$$a'(x) = \frac{\frac{d}{dx}\left(e^{x^2} x^{200}\right)}{e^{x^2} x^{200}} = \frac{2x e^{x^2} x^{200} + 200 e^{x^2} x^{199}}{e^{x^2} x^{200}} = 2x + \frac{200}{x}$$

- $b(x) = \ln\left[\sqrt[5]{\dfrac{1+x^5}{1-x^5}}\right]$

c). $c(x) = \ln[\,(x^2 + 2x + 1)^{10}(x^3 - x^2 + 1)^{20}\,]$

> ## Cambio de Base de Logaritmos
>
> $$\log_b(x) = \frac{\ln x}{\ln b}$$

Derivadas de funciones logarítmicas con base b

Utilice el cambio de base para derivar $\quad \dfrac{d}{dx}\left(\log_b x \right) = \dfrac{d}{dx}\left(\underbrace{\dfrac{\ln x}{\ln b}}_{cambio\ base} \right) = \dfrac{1}{x \ln b}$

> Por lo que $\qquad \dfrac{d}{dx}\left(\log_b x \right) = \dfrac{1}{x \ln b} \qquad \dfrac{d}{dx}\left(\log_b u(x) \right) = \dfrac{u'(x)}{u(x) \ln b}$

Ejercicio 4: Derive las siguientes funciones.

a). $x(t) = 400 \log_2(8t^2 + t^{1/2} - 1)$

$$x'(t) = \frac{400}{\ln 2} \frac{16t + 0.5t^{-1/2}}{8t^2 + t^{1/2} - 1}$$

b). $y(t) = t^4 \log_{10}(t)$

c). $z(t) = \log_8\left(\log_4 t \right)$

d). $s(t) = \left(\log_{25} t \right)\left(\log_{1/2} t \right)$

78

15. Derivación Implícita   (3.5)

Forma Explícita de una función: La variable dependiente y está expresada en términos de la variable independiente x, $y = f(x)$.

Ejemplos de formas explícitas: $y = 3x^5 + 5x^3$, $\quad y = \sqrt{4 - x^2} + e^{x^2} + \ln(x^3 + 1)$.

Forma Implícita de una función: Ambas variables están del mismo lado de la ecuación y la variable dependiente no está expresada sólo en términos de la variable independiente.

La forma implícita se representa por medio de la ecuación $F(x, y) = 0$.

Ejemplos de formas implícitas: $x^2 + y^2 = 6$, $e^x + e^y = \ln(xy)$.

En algunos casos es posible reescribir la forma implícita de una función $F(x, y) = 0$ como una forma explícita $y = f(x)$.

Ejercicio 1:   *Encuentre la pendiente de la recta tangente a la circunferencia* $x^2 + y^2 = 6$.
en el punto $(\sqrt{3}, \sqrt{3})$.

Tome nota que para encontrar la derivada $y'(x)$ primero hay que encontrar la forma explícita de $x^2 + y^2 = 6$.

Observación: La dificultad de encontrar la derivada de y con una forma implícita es que se debe resolver para y lo cual no es siempre posible como en la ecuación $e^x + e^y = \ln(xy)$.

Derivación Implícita

Si suponemos que la ecuación que define a y es una función derivable de x, podemos encontrar la derivada de $y(x)$, SIN NECESIDAD de encontrar su forma explícita.

Encuentre la derivada del ejercicio anterior $x^2 + y^2(x) = 6$.

Trate a y como una función de x y diferencie ambos lados de la ecuación respecto a x

Diferencie

$$\frac{d}{dx}\left(x^2 + y^2(x) \right) = \frac{d}{dx}(6)$$

$$2x + 2y\frac{dy}{dx} = 0$$

Despeje $\dfrac{dy}{dx}$

$$\frac{dy}{dx} = -\frac{2x}{2y} = -\frac{x}{y}$$

Sustituya $y = \sqrt{6 - x^2}$

$$\frac{dy}{dx} = -\frac{x}{\sqrt{6 - x^2}}$$

Observe que se obtiene la misma derivada que en el ejercicio anterior, pero el proceso es más rápido porque no requiere encontrar la función $y = f(x)$.

Pasos de la Derivación Implícita:

1. *Diferencie* ambos lados de la ecuación respecto a x.

2. *Agrupe* todos los términos que contengan $\dfrac{dy}{dx}$ (ó y') en un lado de la ecuación y agrupe los demás términos en el otro lado.

3. *Resuelva* para $\dfrac{dy}{dx}$, tome en cuenta las restricciones del dominio de $y(x)$ e $y'(x)$.

Ejercicio 2:   *Considere la ecuación* $e^{y-1} - x + y^2 + x^2 = 2$.

a). Encuentre la derivada de y respecto a x.

b). Encuentre la ecuación de la recta tangente en el punto $(1,1)$.

Observación: Para encontrar $\dfrac{d}{dx}\Big(f(x)g(y) \Big)$ se utiliza la regla del producto y luego la regla de la cadena.

$$\frac{d}{dx}\Big(f(x)g(y) \Big) = \frac{df}{dx}g(y) + f(x)\frac{dg}{dy}\frac{dy}{dx} = f'g + fg'y'(x)$$

Ejercicio 3:   *Encuentre la pendiente de la curva* $(x^2 + y^2)^2 = 4e^{xy}$ *en* $(0,2)$.

Derivación Implícita de Orden Superior

Para encontrar la segunda derivada de una función proporcionada por su forma implícita $F(x,y) = c$.

1. Encuentre dy/dx utilizando derivación implícita.

2. Encuentre la segunda derivada.

3. Sustituya cualquier término $y'(x)$ ó dy/dx por las variables x, y.

4. De ser posible simplifique aún más, como expresando $y''(x)$ sólo en términos de x ó y.

Ejercicio 4: Considere la ecuación $x^3 + y^3 = 16$.

a. Encuentre la primera derivada $y'(x)$.

$$\text{Derive:} \qquad 3x^2 + 3y^2 y' = 0$$

$$\text{Resuelva:} \qquad y' = -\frac{x^2}{y^2}$$

b. Encuentre la segunda derivada $y''(x)$. Simplifique su respuesta.

Vuelva a derivar, utilice la regla del cociente y simplifique.

$$\text{Regla del Cociente:} \qquad y'' = -\frac{2xy^2 - 2x^2 y y'}{y^4}$$

$$\text{Sustituya y':} \qquad y'' = -\frac{2xy^2 + 2x^2 y x^2/y^2}{y^4}$$

$$\text{Simplifique:} \qquad y'' = -\frac{2xy^3 + 2x^4}{y^5}$$

$$y'' = -2x\frac{y^3 + x^3}{y^5}$$

$$\text{Sustituya } x^3 + y^3 = 16 \qquad y'' = -\frac{32x}{y^5}$$

c. Encuentre la ecuación de la recta tangente a la curva en $x = 2$.

Sustituya $x = 2$ en la ec. y resuelva para y.

$$8 + y^3 = 16 \qquad\qquad \Rightarrow \qquad\qquad y = \sqrt[3]{8} = 2$$

La pendiente de la recta tangente es: $y' = -\dfrac{4}{4} = -1$.

La ecuación de la recta tangente es: $y = 2 - 1(x - 2)$.

Ejercicio 5:   Encuentre la segunda derivada $y''(x)$ en las siguientes ecuaciones. Simplifique y exprese $y''(x)$ sólo en términos de la variable y .

a). $x^2 - y^2 = 16$

b.) $e^y = y^2 e^x$

16. Derivación Logarítmica (3.6)

El objetivo de la diferenciación logarítmica es simplificar la derivación de funciones que contienen productos, cocientes o potencias. Además permite diferenciar nuevas funciones como $x^{\operatorname{sen} x}$, $x^{\ln x}$, $x^{x^2 \ln x}, \cdots$ las cuales no tienen ni base ni exponente constante.

Pasos Diferenciación Logarítmica de $y = f(x)$

1. *Aplique logaritmos* naturales de ambos lados de la ecuación $\ln y = \ln f(x)$.

2. *Simplifique* $\ln(f(x))$ usando propiedades de logaritmos.

3. *Derive* ambos lados de la ecuación respecto a x .

4. *Despeje* $\dfrac{dy}{dx}$ ó $y'(x)$.

5. *Exprese* la respuesta sólo en términos de x. Sustituya y por $f(x)$.

Recuerde que por la regla de la cadena, $\dfrac{d}{dx}\left(\ln y(x)\right) = \dfrac{1}{y}\dfrac{dy}{dx} = \dfrac{y'}{y}$.

Ejercicio 1: Encuentre $y'(x)$ por medio de diferenciación logarítmica.

a. $y = x^x$

Tome ln's:	$\ln y = x \ln x$
Derive:	$\dfrac{y'}{y} = \ln x + 1$
Resuelva para y'	$y' = y(\ln x + 1)$
Exprese en términos de x	$y' = x^x(\ln x + 1)$

b. $y = (\operatorname{sen} x)^{\ln x}$

c. $y = \sqrt[5]{\dfrac{6(x^5 - x)^4}{x^{15}e^{-10x}}}$

d. $y = (8x + 5)(5x^2 + 8)^5(8x^3 + 5)^{10}$

En los incisos c y d es más sencillo realizar la diferenciación logarítmica que realizar el laborioso proceso de utilizar una combinación de las reglas del producto, cociente y de la cadena.

Ejercicio 2: *Encuentre la ecuación de la recta tangente a la curva $y = (4x - 3)^{2x+1}$ en el punto donde $x = 1$.*

Diferenciación de funciones con la forma $u(x)^{v(x)}$

Ejercicio 3: *Diferencie las siguientes funciones.*

a). $y(x) = x^{\ln x}$

b). $y(x) = (x^2 + 1)^{x^3 - x}$

17. Derivadas de Func. Trigonométricas Inversas (3.5)

Las funciones trigonométricas son las inversas de estas funciones. Se utiliza derivación implícita para encontrar las derivadas de las funciones trigonométricas. Para expresar y' sólo en términos de x se utiliza un triángulo rectángulo apropiado.

Derivada de seno inverso

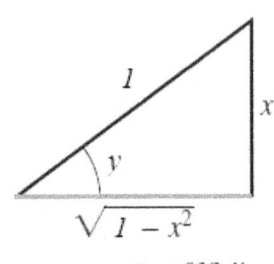

$$x = \text{sen } y$$

Rescriba:
$$y = \sin^{-1} x$$
$$\sin(y) = x$$

Derive respecto a x: $\cos(y)y' = 1$

Resuelva para y' $y' = \dfrac{1}{\cos y}$

Utilice el diagrama $\cos(y) = \sqrt{1 - x^2}$

$$y' = \frac{1}{\sqrt{1 - x^2}}$$

Derivada de coseno inverso

El triángulo rectángulo $\dfrac{L.O}{H.} = \dfrac{x}{1} = \sin y$ tiene un lado opuesto de x, una hipotenusa de 1 y un lado adyacente igual a $\sqrt{1 - x^2}$.

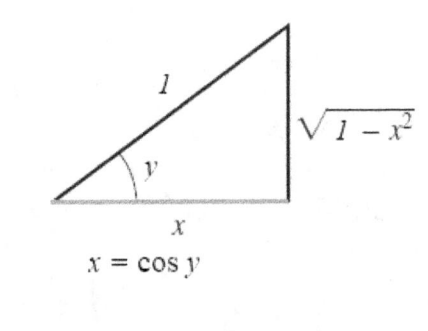

$$x = \cos y$$

Rescriba:
$$y = \cos^{-1} x$$
$$\cos(y) = x$$

Derive respecto a x: $-\sin(y)y' = 1$

Resuelva para y' $y' = -\dfrac{1}{\sin y}$

Utilice el diagrama $\sin(y) = \sqrt{1 - x^2}$

$$y' = -\frac{1}{\sqrt{1 - x^2}}$$

Derivada de tangente inverso

$$y = \tan^{-1} x$$

Rescriba: $\tan(y) = x$

Derive respecto a x: $\sec^2(y)y' = 1$

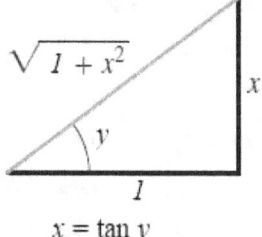

$$x = \tan y$$

Resuelva para y' $\quad y' = \dfrac{1}{\sec^2 y}$

Utilice el diagrama $\quad \sec(y) = \sqrt{1 + x^2}$

$$y' = \frac{1}{1 + x^2}$$

Derivada de secante inverso

$$y = \sec^{-1} x$$

Rescriba: $\sec(y) = x$

Derive respecto a x: $\sec(y)\tan(y)y' = 1$

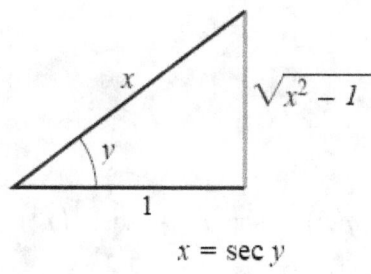

$$x = \sec y$$

Resuelva para y' $\quad y' = \dfrac{1}{\sec y \tan y}$

Utilice el diagrama $\quad \tan(y) = \sqrt{x^2 - 1}$

$$y' = \frac{1}{x\sqrt{x^2 - 1}}$$

Las derivadas para $\csc^{-1}(x)$ y $\cot^{-1}(x)$ se encuentran de manera similar.

Derivadas de Funciones Trigonométricas Inversas

$$\frac{d}{dx}\sin^{-1} x = \frac{1}{\sqrt{1 - x^2}} \qquad\qquad \frac{d}{dx}\csc^{-1} x = \frac{-1}{x\sqrt{x^2 - 1}}$$

$$\frac{d}{dx}\cos^{-1} x = \frac{-1}{\sqrt{1 - x^2}} \qquad\qquad \frac{d}{dx}\sec^{-1} x = \frac{1}{x\sqrt{x^2 - 1}}$$

$$\frac{d}{dx}\tan^{-1} x = \frac{1}{1 + x^2} \qquad\qquad \frac{d}{dx}\cot^{-1} x = \frac{-1}{1 + x^2}$$

88

Ejercicio 1: *Derive las siguientes funciones.*

a. $y = x^3 \cos^{-1}(x)$

b. $y = \sin^{-1}(e^{x^2})$

c. $f(t) = \dfrac{1}{\arctan(t^5)}$

d. $g(x) = \sec(x^4) + \sec^{-1}(x^4)$

e. $h(t) = (1 + t^2)\,\tan^{-1}(t)$

18.   Aproximaciones Lineales   (3.10)

Aproximaciones Lineales

La ecuación de la recta tangente a $y = f(x)$ en $x = a$,

$$y = f(a) + f'(a)(x - a),$$

se puede utilizar para aproximar el valor de $f(x)$ cuando x está cerca de a.

$$f(x) \approx f(a) + f'(a)(x - a)$$

Aproximación Lineal:

La **linearización** de f en a es la ecuación de la recta tangente de $f(x)$ en $x = a$.

$$L(x) = f(a) + f'(a)(x - a)$$

Ejercicio 1:   Considere la función $f(x) = e^{x^2 - 1}$.

a. Encuentre la linearización $L(x)$ de $f(x)$ en $a = 1$.

b. Estime el valor de $f(1.1)$ utilizando la aproximación lineal $L(x)$.

Ejercicio 2:   Considere la función $f(x) = \sqrt[3]{x}$.

a. Encuentre la aproximación lineal de $f(x)$ de en $a = 27$.

b. Utilice la aproximación lineal para estimar el valor de $\sqrt[3]{30}$.

Ejercicio 3:   Aproximación Lineal de seno

a. Encuentre la aproximación lineal de seno en $a = 0$.

b. Estime el valor de $\operatorname{sen}(0.2)$.

Diferenciales

Si $y = f(x)$ es una función derivable, entonces la diferencia o diferencial en x, $\Delta x = dx$, se puede considerar como una variable independiente.

Diferencial

El diferencial en y, denotado como dy, se define mediante la ecuación.

$$dy = f'(x)dx$$

dy es una variable dependiente que depende de x y la diferencia en x, dx.

Interpretación de la Diferencial:

La diferencia en y, denotada como Δy, se calcula como

$$\Delta y = f(x + \Delta x) - f(x) .$$

El diferencial en y, se puede utilizar para aproximar el valor de la diferencia en y

$$\Delta y = \frac{f(x + \Delta x) - f(x)}{\Delta x}\Delta x \approx f'(x)dx = dy$$

Ejercicio 4: Considere la función $g(x) = e^{x/20}$.

a. Encuentre el diferencial dy .

b. Evalúe dy para $x = 0$ y $dx = 0.20$.

c. Compare el valor del diferencial con la diferencia en y de $x = 0$ a $x = 0.2$.

92

Aplicación de los Diferenciales

Las diferenciales se utilizan para estimar los errores (o diferencias) que ocurren debido a mediciones aproximadas. Son bastante útiles si es difícil evaluar $f(x + \Delta x)$.

Sea Δx el error de medición de una variable.

El **error** en $f(x)$ es $\Delta f = f(x + \Delta x) - f(x)$.

El **error relativo** se calcula dividiendo el error entre el valor de $f(x)$.

$$\frac{\Delta f}{f} = \frac{f(x + \Delta x) - f(x)}{f(x)}$$

El **porcentaje de error** es el error porcentual del error relativo.

$$\frac{\Delta f}{f} \times 100\,\%$$

Ejercicio 5: Se encontró que la arista de un cubo mide 30 cm con un posible error en la medición de 0.1 cm .

a. Estime el error máximo posible al calcular el volumen del cubo.

b. Calcule el error relativo y el porcentaje de error en la estimación del volumen.

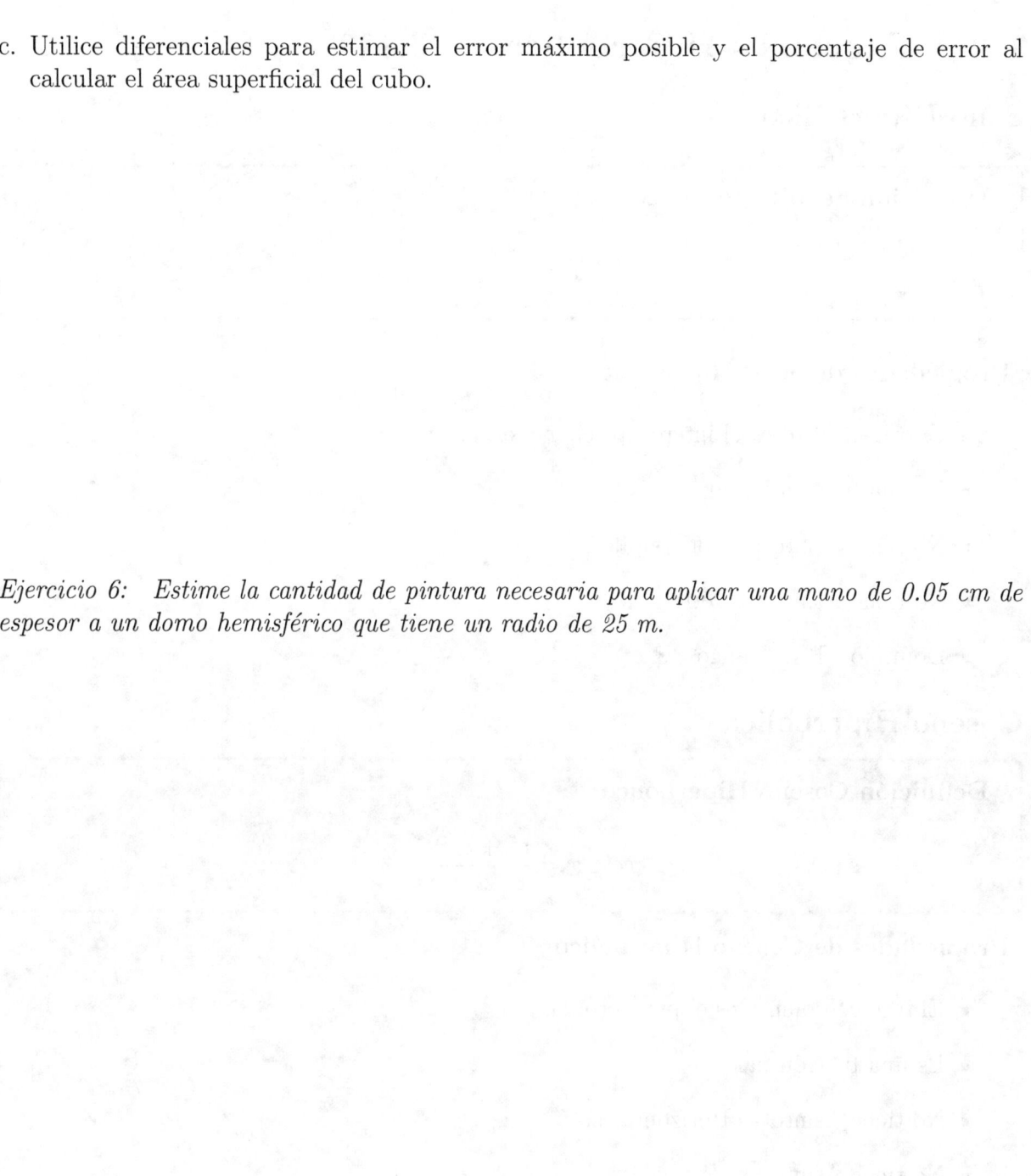

c. Utilice diferenciales para estimar el error máximo posible y el porcentaje de error al calcular el área superficial del cubo.

Ejercicio 6: Estime la cantidad de pintura necesaria para aplicar una mano de 0.05 cm de espesor a un domo hemisférico que tiene un radio de 25 m.

19.   Funciones Hiperbólicas   (3.11)

Seno Hiperbólico

Definición Seno Hiperbólico

$$\sinh x = \frac{e^x - e^{-x}}{2}$$

Propiedades de Seno Hiperbólico

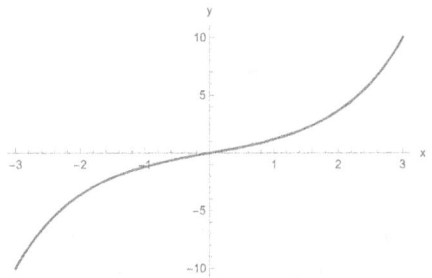

- El origen $(0,0)$ es el intercepto en x y en y.

- Es una función impar.

- No tiene Asíntotas Horizontales.

- No tiene Asíntotas Verticales.

- Dominio $\mathbb{R}$,   Rango $\mathbb{R}$

Coseno Hiperbólico

Definición Coseno Hiperbólico

$$\cosh x = \frac{e^x + e^{-x}}{2}$$

Propiedades de Coseno Hiperbólico

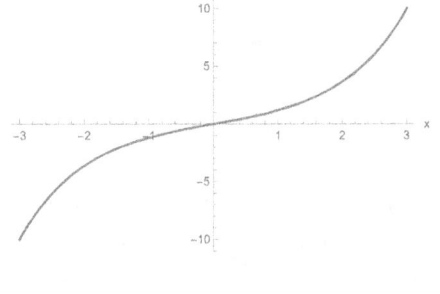

- El intercepto en y es el punto $(0,1)$.

- Es una función par.

- No tiene Asíntotas Horizontales.

- No tiene Asíntotas Verticales.

- Dominio $\mathbb{R}$,   Rango $[1,\infty)$

El resto de funciones hiperbólicas se definen en términos de $\sinh x$ y $\cosh x$.

$$\tanh x = \frac{\sinh x}{\cosh x} \qquad \coth x = \frac{\cosh x}{\sinh x}$$
$$\operatorname{sech} x = \frac{1}{\cosh x} \qquad \operatorname{csch} x = \frac{1}{\sinh x}$$

Ejercicio 1:   Considere la función $y = \tanh x$.

a. Determine si $\tanh x$ es una función par, impar o ninguna.

b. Encuentre las asíntotas horizontales de $\tanh x$.

c. Utilice la información anterior y el valor de $\tanh 0$ para graficar $\tanh x$.

Algunas de las identidades hiperbólicas son las siguientes:
$$\cosh^2 x \;-\; \sinh^2 x = 1$$
$$\sinh 2x \;=\; 2\sinh x \cosh x$$

Ejercicio 2: Simplifique las siguientes expresiones hiperbólicas.

a. $\cosh^2 x - \sinh^2 x$

b. $\sinh 2x$

Derivadas de Funciones Hiperbólicas

Las derivadas de estas funciones se encuentran usando las definiciones de $\sinh x$ y $\cosh x$.

- $\dfrac{d}{dx}\left(\sinh x\right) = \dfrac{d}{dx}\left(\dfrac{e^x - e^{-x}}{2}\right) = \dfrac{e^x + e^{-x}}{2} = \cosh x.$

- $\dfrac{d}{dx}\left(\cosh x\right)$

- $\dfrac{d}{dx}\left(\tanh x\right) = \dfrac{d}{dx}\left(\dfrac{\sinh x}{\cosh x}\right) = \dfrac{\overbrace{\cosh^2 x - \sinh^2 x}^{1}}{\cosh^2 x} = \operatorname{sech}^2 x$

- $\dfrac{d}{dx}\left(\coth x\right)$

- $\dfrac{d}{dx}\left(\operatorname{sech} x\right) = \dfrac{d}{dx}\left(\dfrac{1}{\cosh x}\right) = \dfrac{-\sinh x}{\cosh^2 x} = -\operatorname{sech} x \tanh x$

- $\dfrac{d}{dx}\left(\operatorname{csch} x\right)$

Tabla Derivadas de Funciones Hiperbólicas

$$\frac{d}{dx}\left(\sinh x\right) = \cosh x \qquad\qquad \frac{d}{dx}\left(\operatorname{csch}x\right) = -\operatorname{csch}x\coth x$$

$$\frac{d}{dx}\left(\cosh x\right) = \sinh x \qquad\qquad \frac{d}{dx}\left(\operatorname{sech}x\right) = -\operatorname{sech}x\tanh x$$

$$\frac{d}{dx}\left(\tanh x\right) = \operatorname{sech}^2 x \qquad\qquad \frac{d}{dx}\left(\coth x\right) = -\operatorname{csch}^2 x$$

Ejercicio 3: Derive las siguientes funciones.

a. $f(x) = \sinh(6x^2 - 4x)$

$$f'(x) = (12x - 4)\cosh(6x^2 - 4x)$$

b. $g(x) = \tanh^2(x) - 4\tanh x^2$

c. $h(x) = 4^x \operatorname{sech}x$

d. $u(t) = \ln[\,\cosh(t^3)\,]$

e. $w(t) = \cosh[\,\ln(t^3)\,]$

f. $z(t) = \dfrac{1 - \coth t}{1 + \coth t}$

g. $F(x) = \ln\left(x + \sqrt{x^2 + 1}\right)$

    $a)$ Derive y simplifique $F'(x)$.

    $b)$ Encuentre la segunda derivada $F''(x)$.

20. Regla de L'Hospital (4.4)

Los límites indeterminados del tipo $0/0$ ó ∞/∞ se pueden evaluar cancelando factores comunes o racionalizando.

a. $\lim\limits_{x \to 2} \dfrac{x^2 - 4}{x^2 - x - 2} \overset{0/0}{=} \lim\limits_{x \to 2} \dfrac{(x-2)(x+2)}{(x-2)(x+1)} = \lim\limits_{x \to 2} \dfrac{x+2}{x+1} = \dfrac{4}{3}$

b. $\lim\limits_{t \to 0} \dfrac{\sqrt{4+t} - \sqrt{4-t}}{t} \cdot \dfrac{\sqrt{4+t} + \sqrt{4-t}}{\sqrt{4+t} + \sqrt{4-t}} \overset{0/0}{=} \lim\limits_{t \to 0} \dfrac{4+t-4+t}{t(\sqrt{4+t} + \sqrt{4-t})}$

$\qquad\qquad = \lim\limits_{t \to 0} \dfrac{2}{(\sqrt{4+t} + \sqrt{4-t})} = \dfrac{2}{2+2} = \dfrac{1}{2}$

Muchos problemas con límites indeterminados se pueden resolver con más facilidad si se utiliza la Regla de L'Hospital.

a. Forma Indeterminada $\dfrac{0}{0}$

El límite de un cociente de funciones $\dfrac{f(x)}{g(x)}$ es indeterminado cuando los valores de ambas funciones tienden a cero a medida que $x \to a$.

Regla de L'Hospital: Suponga que f y g son derivables y $g'(x) \neq 0$.
Si $\lim\limits_{x \to a} f(x) = 0$, $\lim\limits_{x \to a} g(x) = 0$ y el límite existe, entonces

$$\lim_{x \to a} \frac{f(x)}{g(x)} = \lim_{x \to a} \frac{f'(x)}{g'(x)} \ .$$

Ejercicio 1: Evalúe los siguientes límites.

a. $\lim\limits_{x \to 2} \dfrac{x^2 - 4}{x^2 - x - 2} \overset{0/0}{=} \lim\limits_{x \to 2} \dfrac{2x}{2x - 1} = \dfrac{4}{4 - 1} = \dfrac{4}{3}$

b. $\lim\limits_{x \to 3} \dfrac{\ln(3x - 8)}{x - 3}$

c. $\displaystyle\lim_{t\to 0}\frac{\sqrt{4+t}-\sqrt{4-t}}{t}$

d. $\displaystyle\lim_{\theta\to 0}\frac{\tan(16\theta)}{\tan(4\theta)}$

e. $\displaystyle\lim_{\theta\to 2}\frac{\sin(3\theta^2-12)}{\sin(3\theta-6)}$

En algunos problemas es necesario utilizar la Regla de L'Hospital más de una vez.

$$\lim_{x\to 0}\frac{2e^x-2x-2}{x^4-4x^3+x^2}\overset{LH}{=}\lim_{x\to 0}\frac{2e^x-2}{4x^3-12x^2+2x}$$
$$\overset{LH}{=}\lim_{x\to 0}\frac{2e^x}{12x^2-24x+2}=\frac{2}{2}=1$$

b. Forma Indeterminada $\dfrac{\infty}{\infty}$

> **Regla de L'Hospital:** Suponga que f y g son derivables .
> Si $\displaystyle\lim_{x\to a} f(x) \to \pm\infty$, $\displaystyle\lim_{x\to a} g(x) \to \pm\infty$ y el límite existe, entonces
>
> $$\lim_{x\to a} \frac{f(x)}{g(x)} = \lim_{x\to a} \frac{f'(x)}{g'(x)} \ .$$

Ejercicio 2: Evalúe los siguientes límites.

a. $\displaystyle\lim_{x\to\infty} \frac{10x}{e^{8x}} \overset{\infty/\infty}{=} \lim_{x\to\infty} \frac{10}{8e^{8x}} = 0$ $\qquad\qquad \dfrac{1}{\infty} \to 0$

b. $\displaystyle\lim_{x\to\infty} \frac{\ln(x^{1/8})}{x^5}$

En algunos problemas es necesario utilizar la Regla de L'Hospital más de una vez.

c. $\displaystyle\lim_{x\to\infty} \frac{10x^3 + 6x^2 + 8}{4x^2 - 5 - 10x^3}$

d. $\displaystyle\lim_{x\to 0^+} \frac{\ln x}{\tan\left(x + \frac{\pi}{2}\right)}$

c. Productos Indeterminados $0 \cdot \infty$

Sea $\lim\limits_{x \to a} f(x)g(x)$, si $\lim\limits_{x \to a} f(x) \to \pm 0$ y $\lim\limits_{x \to a} g(x) \to \pm\infty$ (o viceversa), no es claro si este límite existe o no porque es el producto de un número arbiratriamente pequeño con un número arbritrariamente grande.

Este límite se llama forma indeterminada del tipo $0 \cdot \infty$ y para evaluarlo el producto se reescribe como un cociente para poder usar la Regla de L'Hospital.

$$fg = \frac{f}{1/g} \quad \left(\text{Forma } \frac{0}{0}\right) \qquad o \qquad fg = \frac{g}{1/f} \quad \left(\text{Forma } \frac{\infty}{\infty}\right)$$

Use la regla de L'Hospital para la obtener la forma indeterminada $\dfrac{0}{0}$ ó $\dfrac{\infty}{\infty}$.

Ejercicio 3: Evalúe los siguientes límites.

a. $\lim\limits_{x \to 0^+} x^2 \ln x \overset{0*\infty}{=} \lim\limits_{x \to 0^+} \frac{\ln x}{x^{-2}} \overset{\infty/\infty}{=} \lim\limits_{x \to 0^+} \frac{x^{-1}}{2x^{-3}} = \lim\limits_{x \to 0^+} \frac{1}{2}x^2 = 0$

b. $\lim\limits_{x \to 0} \csc(2x)\sinh(4x) \overset{0*\infty}{=} \lim\limits_{x \to 0} \frac{\sinh(4x)}{\sin(2x)} \overset{0/0}{=} \lim\limits_{x \to 0} \frac{4\cosh(4x)}{2\cos(2x)} = \frac{4\cosh(0)}{2\cos(0)} = \frac{4}{2} = 2$

c. $\lim\limits_{x \to \infty} xe^{-x^2}$

d. $\lim\limits_{x \to \infty} x\sinh\left(\frac{1}{x}\right)$

d. Potencias Indeterminadas $\quad 1^\infty, \; 0^0, \; \infty^0$

Hay varias formas indeterminados que surgen al evaluar el límite.

$$y = \lim_{x \to a} [f(x)]^{g(x)}$$

Forma 0^0	$\lim\limits_{x \to a} f(x) = 0$	$\lim\limits_{x \to a} g(x) = 0$
Forma ∞^0	$\lim\limits_{x \to a} f(x) = \infty$	$\lim\limits_{x \to a} g(x) = 0$
Forma 1^∞	$\lim\limits_{x \to a} f(x) = 1$	$\lim\limits_{x \to a} g(x) = \infty$

Tome el logaritmo natural de $[f(x)]^{g(x)}$, evalúe $\lim\limits_{x \to a} \ln y$,

el cual es una forma indeterminada $0/0, \; \infty/\infty, \; \acute{o} \; 0 \cdot \infty$.

Observación: El tipo ∞^∞ corresponde a un límite que no existe.

Ejercicio 4: Evalúe los siguientes límites.

a. $y = \lim\limits_{x \to 0^+} (1 + 4x)^{1/\sin x}$ $\quad$ Es un límite indeterminado de la forma 1^∞, use logaritmos.

$$\ln y = \lim_{x \to 0^+} \frac{\ln(1 + 4x)}{\sin x} \overset{0/0}{=} \lim_{x \to 0^+} \frac{4(1 + 4x)^{-1}}{\cos x} = \frac{4}{1 \cos 0} = 4$$
$$y = \lim_{x \to 0^+} (1 + 4x)^{1/\sin x} = e^4$$

b. $\lim\limits_{x \to 0^+} x^{10x}$

c. $\lim\limits_{x \to 0^+} (1 + 3\tanh(x))^{1/(e^x - 1)}$

e. Diferencias Indeterminadas $\infty - \infty$

La diferencia de límites $\lim\limits_{x \to a} f(x) - g(x)$ es indeterminada si $\lim\limits_{x \to a} f(x) \to \infty$ y $\lim\limits_{x \to a} g(x) \to \infty$.

Reescriba la diferencia como un cociente para usar la Regla de L'Hospital $0/0$, ∞/∞, ó $0 \cdot \infty$.

Ejercicio 5: Evalúe los siguientes límites.

a. $\lim\limits_{x \to 1^+} \left[\ln(x^8 - 1) - \ln(x^4 - 1) \right]$

b. $\lim\limits_{x \to 1^+} \left[\dfrac{x}{x - 1} - \dfrac{1}{\ln x} \right]$

c. $\lim\limits_{x \to 0^+} \left(\cot x - \csc x \right)$

Interés Compuesto Continuamente y Regla de L'Hospital

Sea S_o el valor de la inversión inicial, r la tasa de interés anual, y n el número de períodos que se compone el interés en un año. Después de t el monto compuesto es:

$$S = S_o \left(1 + \frac{r}{n}\right)^{nt}$$

Si el interés se compone de manera continua se puede utilizar la Regla de L'Hospital para comprobar que:

$$S = S_o \lim_{n \to \infty} \left(1 + \frac{r}{n}\right)^{nt} = S_o e^{rt}$$

21. Extremos Relativos (4.1)

a. Funciones crecientes/decrecientes

> Una función es **creciente** si la gráfica de la función se eleva hacia a la derecha, es decir si $x_2 > x_1$ entonces $f(x_2) > f(x_1)$.
>
> Una función es **decreciente** si la gráfica de la función cae hacia a la derecha, es decir si $x_2 > x_1$ entonces $f(x_2) < f(x_1)$.

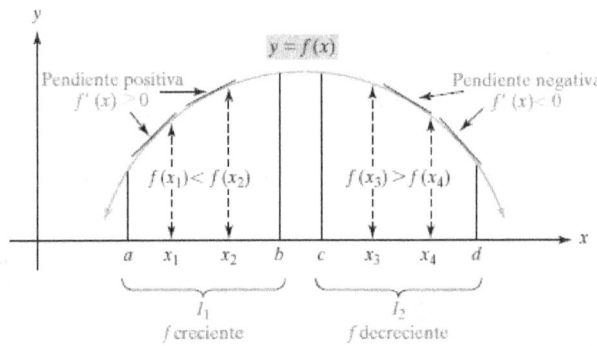

Para una función diferenciable se puede analizar en qué intervalos f es creciente/decreciente.

Criterio función creciente/decreciente

Suponga que $f(x)$ es derivable en un intervalo I.

- $f'(x) > 0$ en $I \Rightarrow f$ es creciente en el intervalo.

- $f'(x) < 0$ en $I \Rightarrow f$ f es decreciente en el intervalo.

Ejercicio 1: *Determine dónde $f(x) = 3x^3 - 36x$ es creciente o decreciente.*

Encuentre la derivada de la función y dónde la función es cero.

$$f'(x) = 9x^2 - 36 = 9(x^2 - 4) = 0 \qquad \Rightarrow \qquad x = \pm 2$$

Construya un diagrama de signos para determinar donde $f(x)$ es creciente/decreciente.

		-2		+2	
$x^2 - 4$	+	o	-	o	+
$f'(x)$	+	o	-	o	+

- $f(x)$ es creciente en $(-\infty, -2) \cup (2, \infty)$.

- $f(x)$ es decreciente en $(-2, 2)$.

b. Extremos Relativos

En la gráfica de $y = f(x)$ pueden haber puntos que son más **altos** que cualquier otro punto cercano a éste (gráficamente se visualizan como ∩);   y también pueden haber puntos que son más bajos que cualquier otro punto cercano (se visualizan como ∪).

Def. Extremos Relativos: Considere un intervalo abierto I que contiene a c.

- f tiene un **Máximo relativo** en c si $f(c) \geqslant f(x)$ para todo número x en I.

- f tiene un **mínimo relativo** en c si $f(c) \leqslant f(x)$ para todo número x en I.

Los máximos y mínimos relativos se conocen como **extremos relativos** o locales.

Ejercicio 2: *Utilice la gráfica de $y = f(x)$ para identificar los extremos relativos de la siguiente función.*

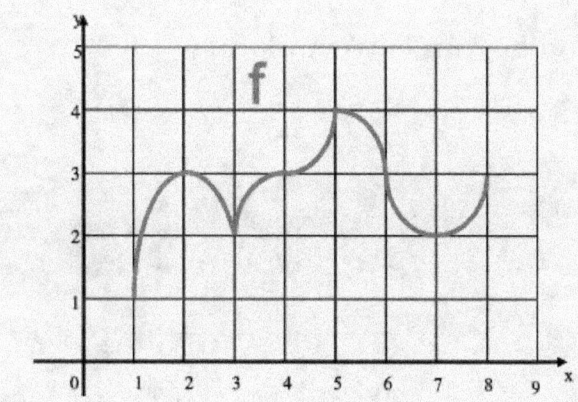

Números Críticos y Extremos Relativos

> **Definición:** Un **número crítico** c en el dominio D de una función f satisface
>
> $$f'(c) = 0 \qquad\qquad o \qquad\qquad f'(c) \quad \text{no existe}$$

> **Teorema: Condiciones Necesarias para un extremo local**
>
> Si f tiene un <u>máximo o un mínimo local</u> en $x = c$, entonces c es un <u>número crítico</u> de f.

Observaciones:

- Que $x = c$ sea un número crítico de f NO GARANTIZA que haya un Máximo Local o mínimo local en $x = c$, como en $\quad f(x) = x^3$.

- Aunque $f'(c)$ no exista, puede existir un extremo local, como en $\quad g(x) = |x|$

Ejemplos de Funciones donde $f'(c) = 0$ y no hay un extremo local

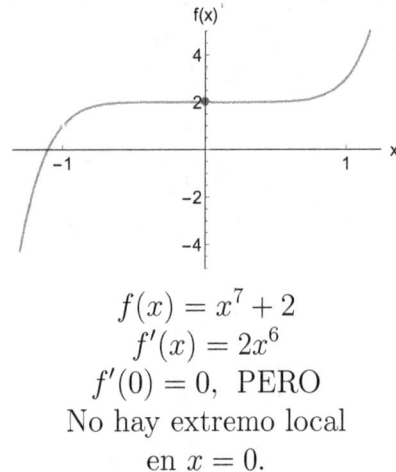

$$f(x) = x^7 + 2$$
$$f'(x) = 2x^6$$
$$f'(0) = 0, \text{ PERO}$$
No hay extremo local
en $x = 0$.

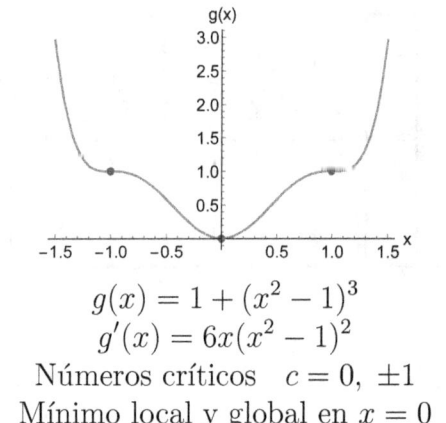

$$g(x) = 1 + (x^2 - 1)^3$$
$$g'(x) = 6x(x^2 - 1)^2$$
Números críticos $\quad c = 0, \pm 1$
Mínimo local y global en $x = 0$
No hay extremos locales en $x = \pm 1$.

Los valores de la primera derivada alrededor de cada punto crítico nos permiten determinar si éste es un **Máximo Relativo**, *mínimo relativo*, o NINGUNO.

> **Teorema: Prueba de la primera derivada para extremos locales**
>
> Sea $f(x)$ una función diferenciable y c un número crítico de f.
>
> - $f'(x)$ cambia de positivo a negativo en $c \Rightarrow f(c)$ es un Máximo Relativo.
>
> - $f'(x)$ cambia de negativo a positivo en $c \Rightarrow f(c)$ es un mínimo relativo.
>
> - $f'(x)$ NO cambia de signo en $c \Rightarrow f(c)$ NO es un extremo relativo.

La prueba de la primera derivada se ilustra de la siguiente manera:

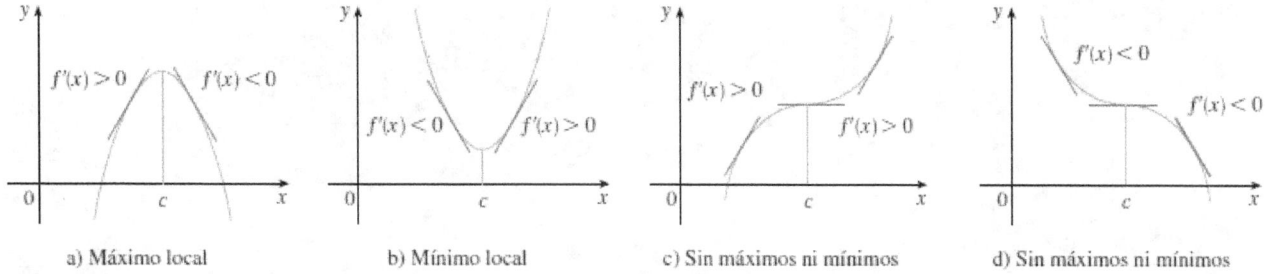

a) Máximo local   b) Mínimo local   c) Sin máximos ni mínimos   d) Sin máximos ni mínimos

Ejercicio 2: Determine los extremos relativos de las siguientes funciones.
Realice un bosquejo preliminar de la gráfica.

a. $f(x) = x^5$

b. $g(x) = 3x^3 - 36x$

c. $h(x) = \sqrt{2x - 4}$

d. $j(x) = \dfrac{-x}{x^2 + 1}$

e. $k(x) = x^3 e^x$

22.   Extremos Absolutos   (4.1)

Objetivos del Tema

- Garantizar bajo qué condiciones existen los extremos absolutos.

- Encontrar de manera sistemática los extremos absolutos inspeccionando los valores de sólo un número finito o contable de puntos.

a. Extremos Absolutos

Un número c en el dominio D de la función $y = f(x)$ es un

> - **Valor Máximo Absoluto:** si $f(c) \geqslant f(x)$ para todo número en D.
>
> - **Valor mínimo absoluto:** si $f(c) \leqslant f(x)$ para todo número en D.
>
>
> Los valores Máximo y mínimo absolutos se conocen como `Extremos Absolutos`.

Ejercicio 1: Identifique los extremos absolutos y relativos d la gráfica de $y = f(x)$.

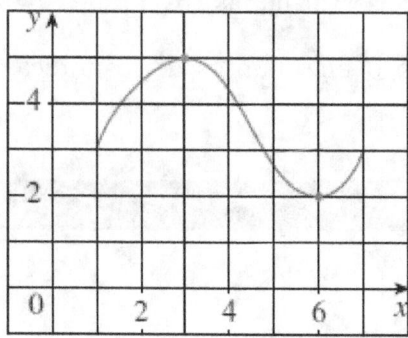

Observación: Un extremo relativo no es necesariamente un extremo absoluto.

Si no se proporciona la gráfica de $y = f(x)$, los extremos locales y absolutos no se pueden determinar por inspección y se requiere de un método más sistemático.

b. TEOREMA DEL VALOR EXTREMO

Si una función es:

a.) continua en el intervalo.

b.) y el intervalo es cerrado $[a, b]$.

Entonces la función tiene un Máximo Absoluto y un mínimo absoluto.

Las gráficas de las siguientes tres funciones continuas definidas en un intervalo cerrado ilustran este teorema.

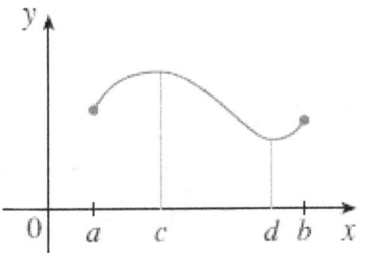 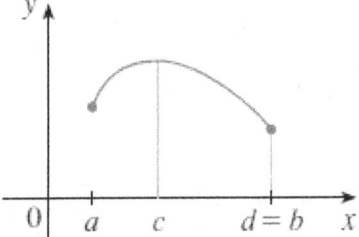 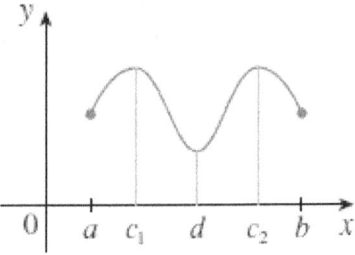

Observaciones:

- Los extremos absolutos se encuentran cuando c es un número crítico de f o en los puntos extremos del intervalo $x = a$ ó $x = b$ como se puede observar en las tres gráficas.

- Un extremos absoluto se puede encontrar entre uno o más puntos de la gráfica de $y = f(x)$.

Procedimiento para encontrar los extremos absolutos

1. Verifique que la función es derivable en un intervalo cerrado.

2. Encuentre los valores críticos de f.

3. Evalúe $f(x)$ en los puntos extremos a, b y en los valores críticos.

4. El valor MÁXIMO de f es el mayor de todos estos valores.

5. El valor mínimo de f es el menor de todos estos valores.

Ejercicio 2: Encuentre los extremos absolutos de la función dada en el intervalo indicado. Puede realizar un bosquejo de la gráfica de la función.

- $a(x) = x^5 - 15x^3$ en $[-4, 4]$

- $b(x) = x^7 + 10x$ en $[1, 2]$.

- $c(x) = \dfrac{-x}{x^2 + 1}$ en $[-10, 10]$

- $d(x) = \sqrt{16 - x^2}$,   en   encuentre el dominio de la función.

c. ¿Qué sucede si la función es discontinua o el intervalo es abierto?

No se garantiza la existencia de extremos absolutos si

    a. la función NO es continua en el intervalo   ó

    b. el intervalo NO es cerrado

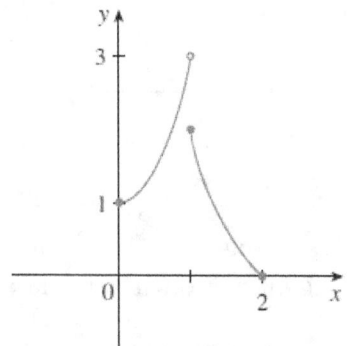 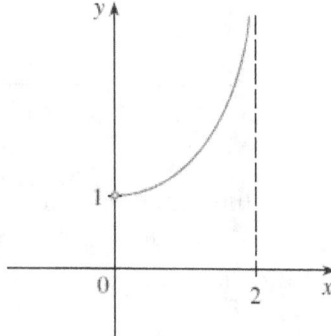

Observe que en la primera función tienen sólo un Mínimo Absoluto, mientras que la segunda función no tiene ningún extremo absoluto.

Ejercicio 3: Explique si se puede garantizar la existencia de los extremos absolutos para las siguientes funciones en el intervalo dado.

a. $p(x) = \dfrac{1}{x^2 - 1}$ en $[-2, 2]$.

b. $q(x) = x^4 - 8x^2$ en $[0, \infty)$

116

23. Concavidad (4.3)

Considere las gráficas de las siguientes funciones crecientes.

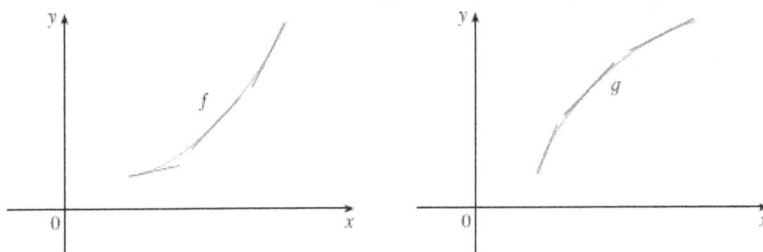

Ambas gráficas son diferentes porque se "doblan" en diferentes direcciones.
En la primera gráfica la curva queda arriba de las rectas tangentes (cóncava hacia arriba).
En la segunda gráfica la curva queda debajo de las tangentes (cóncava hacia arriba).

Concavidad

Una función es **cóncava hacia arriba** si la gráfica de la curva de f queda arriba de toda sus tangentes.

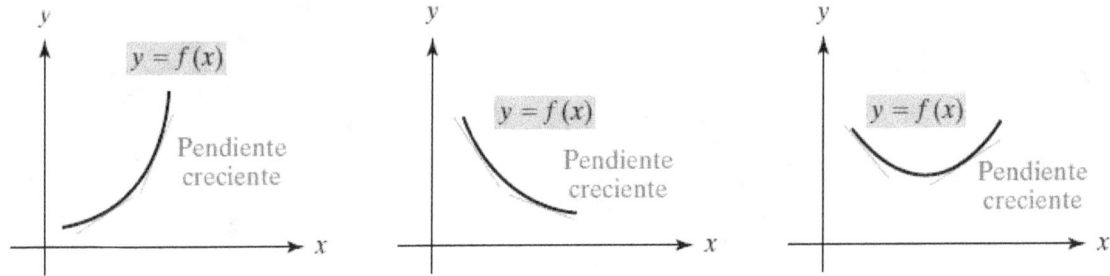

Una función es **cóncava hacia abajo** si la gráfica de la curva de f queda debajo de todas sus tangentes.

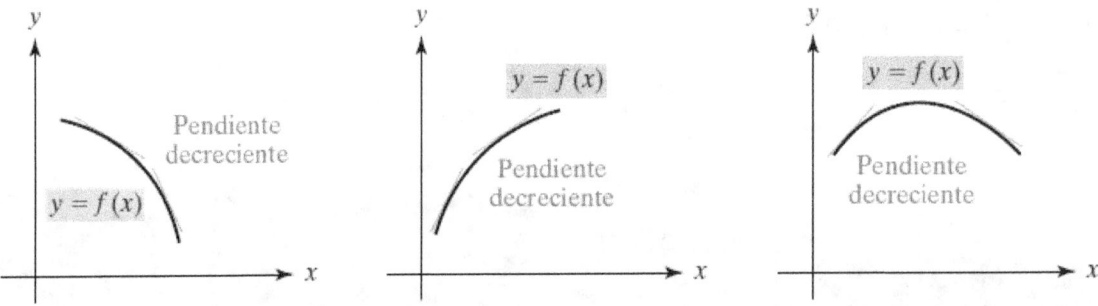

117

Observaciones:

- Las funciones *cóncavas hacia arriba* pueden ser crecientes, decrecientes o ninguna pero tienen derivadas crecientes   (es decir $f''(x) > 0$).

- Las funciones cóncavas *hacia abajo* tienen derivadas decrecientes (es decir $f''(x) > 0$).

Criterio de Concavidad

Sea f una función con segunda derivada continua en un intervalo I.

- $f''(x) > 0$ en I $\Rightarrow$ $f(x)$ es <u>cóncava hacia arriba</u> en I.

- $f''(x) < 0$ en I $\Rightarrow$ $f(x)$ es <u>cóncava hacia abajo</u> en I.

Punto de Inflexión

Un punto P sobre la curva de $y = f(x)$ se conoce como llama un <u>punto de inflexión</u> si f es continua y la curva cambia de concavidad en este punto.

Observación: Los números x_o tal que $f''(x_o) = 0$ o $f''(x_o)$ no existe son los únicos potenciales puntos de inflexión de f.

Visualización de los Puntos de Inflexión

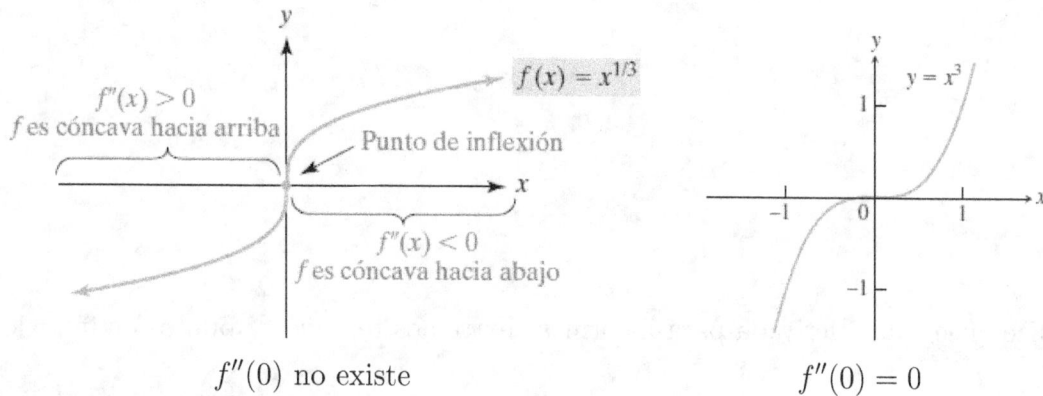

Otra aplicación de la segunda derivada es que nos proporciona otro criterio para identificar máximos / mínimos locales.

118

Prueba de la segunda derivada para extremos relativos

Sea c un número crítico de f y que $f''(x)$ es continua, el valor funcional $f(c)$ es un:

- **Máximo Relativo:**   si $f''(c) < 0$.

- **mínimo relativo:**   si $f''(c) > 0$

- La prueba es *inconclusa* si $f''(c) = 0$, utilice la prueba de la primera derivada.

En el ejercicio 1 los números críticos de $f(x) = x^3 - 3x^2 - 9x + 5$ son $c = 3, -1$.
Como la 2da derivada es $f''(x) = 6x - 6$.

$f''(-1) = -6 - 6 = -12 < 0$ Hay un máximo local en $x = -1$.
$f''(\ 3) = 18 - 6 = 12 > 0$ Hay un máximo local en $x = 3$.

Estos resultados son consistentes con los resultados de la prueba de la primera derivada.

Ejercicio 3:   *Considere la función* $f(x) = 2x^3 + 3x^2 - 12x + 1$.

a. Determine donde $f(x)$ es creciente / decreciente.

b. Utilice la segunda derivada para identificar extremos relativos y puntos de inflexión.

Ejercicio 4: Considere la función $g(x) = x^4 - 18x^2$.

a. Encuentre los extremos relativos y dónde la función es creciente o decreciente.

b. Encuentre los puntos de inflexión y analice la concavidad de la función.

c. Utilice la información anterior para graficar $g(x)$.

La siguiente tabla resume el trazo de una curva con la información proporcionada conjuntamente por la primera y la segunda derivada.

Signo de $f'(x)$ y $f''(x)$	Propiedades de la gráfica de f	Forma de la gráfica
$f'(x) > 0$ y $f''(x) > 0$	Creciente y cóncava hacia arriba	
$f'(x) > 0$ y $f''(x) < 0$	Creciente y cóncava hacia abajo	
$f'(x) < 0$ y $f''(x) > 0$	Decreciente y cóncava hacia arriba	
$f'(x) < 0$ y $f''(x) < 0$	Decreciente y cóncava hacia abajo	

24. Bosquejo de Curvas (4.5)

NO TODOS los elementos de la lista son relevantes para cada función.
Estas directrices proporcionan toda la información necesaria para hacer un trazo que muestre los aspectos más importantes de la función.

0. **Dominio:** Determine el dominio D de f.

1. **Intersección:** La intersección con el eje y es $f(0)$.
   Intersecciones con el eje x, resolver para x la ecuación $f(x) = 0$.

2. **Simetría**

   i. *Función Par:* $f(-x) = f(x)$ (Simetría respecto al eje y)

   ii. *Función Impar:* $f(-x) = -f(x)$ (Simetría respecto al origen)

3. **Asíntotas**

   i. *Asíntotas Horizontales:* Evalúe $\lim\limits_{x \to \infty} f(x) = L$ y $\lim\limits_{x \to -\infty} f(x) = L$.

   ii. *Asíntotas Verticales:* La recta $x = a$ es una asíntota vertical si al menos una de las siguientes afirmaciones es verdadera.
   $$\lim\limits_{x \to a^+} f(x) = -\infty \qquad \lim\limits_{x \to a^+} f(x) = +\infty$$
   $$\lim\limits_{x \to a^-} f(x) = -\infty \qquad \lim\limits_{x \to a^-} f(x) = +\infty$$

4. **Intervalos donde la función es creciente o decreciente:** Obtenga $f'(x)$ y encuentre los intervalos en los que $f'(x) > 0$ (f es creciente) y los intervalos en los que $f'(x)$ es negativa (f es decreciente).

5. **Valores mínimo y máximo locales:**
   Halle los números críticos de f ($f'(c) = 0$ o $f'(c)$ no existe).
   Utilice la prueba de la segunda derivada ($f''(c) > 0$ mínimo y $f''(c) < 0$ máximo) o de la primera derivada para identificar extremos locales en $x = c$.

6. **Concavidad y puntos de inflexión:** Obtenga $f''(x)$, la función es cóncava hacia arriba donde $f''(x) > 0$ y cóncava hacia abajo donde $f''(x) < 0$.
   Los puntos de inflexión se localizan donde cambia la concavidad.

7. **Trace la curva:** Trace la gráfica utilizando la información de los incisos 0-7.

1. Considere la función $f(x) = 2 + 3x^2 - x^3$.

    a) Identifique los puntos (x, y) críticos y los extremos relativos.

    b) Identifique los intervalos donde $f(x)$ es creciente / decreciente.

    c) Grafique la función. No es necesario determinar los interceptos con el eje x.

    d) ¿Cuántos interceptos con el eje x se observan en la gráfica?

2. Considere la función $g(x) = (4 - x^2)^5$.

   a) Identifique si la función es par (simétrica con el eje y) o impar (simétrica respecto al origen).

   b) Identifique los interceptos con el eje x y y.

   c) Identifique los extremos relativos y los intervalos donde $g(x)$ es creciente / decreciente.

   d) Encuentre los puntos de inflexión y los intervalos de concavidad, para su información $g''(x) = 10(4 - x^2)^3(9x^2 - 4)$.

   e) Grafique la función.

3. Considere la función $h(x) = \dfrac{x^2}{x^2 - 9}$ e identifique:

   a) El dominio.

   b) Las asíntotas horizontales y verticales.

   c) Los extremos relativos.

   d) Si la función es par o impar.

   e) Grafique la función.

   f) Utilice la gráfica de la función para determinar si $h(x)$ es cóncava hacia abajo en todo su dominio.

4. Considere la función $r(x) = \dfrac{x^2}{x^2 + 3}$ e identifique:

    a) El dominio y los interceptos con los ejes.

    b) Las asíntotas horizontales y verticales (si existen).

    c) Los extremos relativos o locales.

    d) Si la función es par o impar.

    e) Grafique la función.

    f) Realice el análisis de concavidad, donde $r''(x) = -\dfrac{18(x^2 - 1)}{(x^2 + 3)^3}$.

5. Considere la función $p(x) = x\sqrt{2 - x^2}$ e identifique:

   a) El dominio y los interceptos con los ejes.

   b) Los extremos relativos.

   c) Si la función es par o impar.

   d) Grafique la función

6. Considere la función $s(x) = \sqrt[3]{x^2 - 1}$ e identifique.

   a) El dominio y los interceptos con los ejes.

   b) Los extremos relativos e intervalos donde $s(x)$ es creciente/decreciente.

   c) Los puntos de inflexión e intervalos de concavidad de $s(x)$.

   d) Grafique la función.

7. Considere la función $w(x) = x - \ln x$ e identifique.

  a) El dominio.

  b) Los extremos locales e intervalos donde $w(x)$ es creciente/decreciente.

  c) Las asíntotas verticales y horizontales (si existen).

  d) Grafique la función.

25. Optimización (4.7)

Es posible resolver problemas que impliquen maximizar una cantidad como la ganancia, utilidad o el volumen de un recipiente, o minimizar una cantidad como el costo o el material utilizado para elaborar un producto.

Generalmente, en estos problemas hay más de dos variables independientes o de decisión pero hay una restricción entre las dos variables como una restricción presupuestaria por lo que eventualmente se obtiene una función de una sola variable que es cóncava hacia arriba (para problemas de minimización) o cóncava hacia abajo (para problemas de maximización).

Hay tres tipos principales de problemas de optimización:

Tipo A: Optimización con una única variable de decisión x y sin restricción de dominio.

$$\text{máx } o \text{ mín } y = f(x)$$

1. Encuentre el(los) número(s) crítico(s) $f'(c) = 0$.

2. Utilice la prueba de la segunda derivada $f''(c) > 0$ para mínimo y $f''(c) < 0$ para máximo.

3. Si sólo hay un número crítico, el extremo es absoluto.

Tipo B: Optimización con una única variable de decisión x y con dominio restringido.

$$\text{máx } o \text{ mín } y = f(x) \quad \text{en } [a, b]$$

1. Encuentre los números críticos $f'(c) = 0$.

2. Evalúe la función en los extremos $f(a)$ y $f(b)$ y en los números críticos $f(c)$.

3. El mayor de los valores es el máximo absoluto y el menor es el mínimo absoluto.

Tipo C: Problemas de optimización con varias variables de decisión y restriccion(es).

$$\text{máx } o \text{ mín } U = f(x,y) \quad \text{sujeto a (SA)} \quad g(x,y) = c$$

---

1. Dibuje un diagrama que refleje la información dada en el problema.

2. Formule una expresión para la cantidad que se quiera optimizar y para la restricción.

3. Utilice las restricciones para escribir la función como de una sola variable.

4. Encuentre los números críticos y determine cuál es el valor extremo absoluto.

5. Utilice la prueba de la segunda derivada

Ejemplo: **La suma de dos números positivos es 40, ¿cuál es el mayor valor posible del producto de los dos dos números?**

Defina las variables del problema: x es el primer número y y es el segundo número.

La suma de dos números positivos es 40, se expresa en términos de las variables como:

$$x + y = 40$$

El problema a optimizar es maximizar el producto de los dos números.

$$\text{max} \quad P = xy$$

Sustituya $y = 36 - x$ en la función objetivo para expresarla en términos de una sola variable.

$$\text{min} \quad P = x(36 - x) = 40x - x^2$$

Encuentre los números críticos $P'(x) = 0$.

$$P'(x) = 40 - 2x = 0$$
$$x = \frac{40}{2} = 20$$

Como $x = 20$, el otro número es $y = 20$.

Compruebe que el único número crítico es un máximo absoluto.

La función siempre es cóncava hacia abajo $P''(x) = -2 < 0$, por lo que $x = 20$ es máx. abs.

Respuesta: El mayor valor posible de dos números que suman 40 es $P = 20^2 = 400$.

EJERCICIOS DE OPTIMIZACIÓN

1. Una empresa dispone de \$ 9,000 para cercar una porción rectangular del terreno adyacente a un río y al río lo usará como un lado del área cercada. El costo de la cerca paralela al río es de \$ 15 por pie instalado y el costo para los dos lados restantes es de \$ 9 por pie instalado.

a. Dibuje un diagrama del problema e identifique la información y variables.

b. Encuentre las funciones de costo y área. Identifique cuál función se debe optimizar y cuál es la restricción.

c. Exprese la función de área como una función de una sola variable.

d. Encuentre las dimensiones del cercado y el valor del área máxima.

e. Verifique que el número crítico es un máximo absoluto.

2. **Diseño de recipientes:**

Una lata de aluminio con tapa debe tener un volumen fijo de 250π cm^3.

a. Encuentre el volumen y el área superficial de la lata (sume el área de las dos tapas).

b. Exprese el área como una función de una sola variable.

c. Encuentre el número crítico y compruebe de que es un mínimo absoluto.

d. Encuentre las dimensiones de la lata (radio y altura) que minimizan el área superficial.

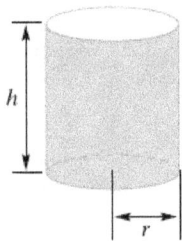

3. **Construcción de una caja:**   Una caja sin tapa va a fabricarse cortando cuadrados iguales en cada esquina de una lámina cuadrada de L cms de lado, doblando luego hacia arriba los lados como se muestra en el siguiente diagrama.

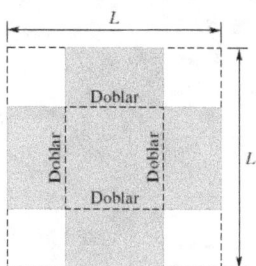

a. Encuentre una expresión para el volumen de la caja. La variable x denota la longitud del lado del cuadrado que se recorta.

b. Como el volumen no puede ser negativo, encuentre el dominio físico de $V(x)$.

c. ¿Cuál es el volumen máximo y el largo del corte?
   Utilice el teorema del Valor Extremo para encontrar el volumen máximo.

4. **Diseño de un recipiente:**   Se debe elaborar un pyrex con base cuadrada abierta en el tope y que debe tener un volumen de 500 cm^3. Encuentre las dimensiones del pyrex que minimizan la cantidad de vidrio que se necesita para construirla.

Asuma que el grosor del vidrio en todo el recipiente es constante.

Aplicaciones en negocios y economía

Sea x el nivel de producción de una empresa o fábrica.

El costo $C(x)$, ingreso $I(x)$ y utilidad $U(x)$ dependen del nivel de producción y del precio de venta $p(x)$, el cual se conoce como una función de demanda precio.

Costo	$C(x)$
Ingreso	$I(x) = p(x) \cdot x$
Utilidad	$U(x) = I(x) - C(x)$

Las derivadas de estas funciones se conocen como funciones marginales.

5. Una immobiliaria vende actualmente 100 apartamentos de 70 m^2 con dos habitaciones a una renta mensual de $ 800 por apartamento. Un estudio de mercado encontró que por cada $10 mensuales de incremento en la renta habrá dos apartamentos vacíos sin posibilidad de ser rentados. *¿Qué renta por apartamento maximizará el ingreso mensual de la immobiliaria?*

6. Cada fin de semana un vendedor ambulante hace y vende collares de conchas en la playa.
Generalmente vende los collares a Q 50 y sus ventas promedio son de 100 collares.
Cuando aumenta el precio en Q 5 , el promedio de ventas disminuye en dos collares.
El vendedor quiere conocer el precio de venta de los collares que maximiza sus INGRESOS.

a. Encuentre la función de demanda-precio, $p(q)$, suponiendo que es lineal.

b. ¿Cuál precio de venta maximiza sus ingresos? Compare el nivel de ingresos con el precio
actual y el nivel de ingresos proyectado con el nuevo precio de venta.

7. **Tamaño económico de pedido:** Una tienda de electrónicos vende 3,500 computadoras al año, el costo por mantener una computadora en inventario es de \$4, mientras que el costo de operación por pedir un lote de q computadoras es de \$70 por orden.

La función de costo anual C para almacenar y ordenar un pedido de q computadoras es:

$$C = \underbrace{70\,\frac{3500}{q}}_{\text{Costo de pedir}} + \underbrace{4\,\frac{q}{2}}_{\text{Costo de almacenar}}$$

a. Determine cuántas computadoras q se deben ordenar en cada período para minimizar los costos de operación.

b. Encuentre el costo mínimo anual y cuántos pedidos se deben hacer al año.

26.   AntiDerivadas   (4.9)

La **antiderivación** es el proceso de encontrar una función F cuya derivada es la función f.

> **Definición:** Una función F recibe el nombre de **Antiderivada de f** si $F'(x) = f(x)$

Por ejemplo,   sea $f(x) = 4x^3$,   note que $\dfrac{d}{dx} x^4 = 4x^3$.

Por lo que $F(x) = x^4$ es una antiderivada de f.

Las funciones $G(x) = x^4 + 1$, $H(x) = x^4 - 3,000$ & $I(x) = x^4 + c$
también son antiderivadas de f porque $G'(x) = H'(x) = I'(x) = 4x^3$.

La antiderivada más de general de $f(x) = 4x^3$ es $F(x) = x^4 + C$, donde C es una constante.

> La antiderivada más general de f es $F(x) + C$ donde $C \in \mathbb{R}$ y $F'(x) = f(x)$.

NOTE, que la antiderivada es una familia de funciones $F(x) + C$ trasladadas verticalmente.

Antiderivadas Básicas

Use la regla de la potencia para encontrar la antiderivada más general de $f(x) = x^n$.
Recuerde que:

$$\frac{d}{dx}\left(\frac{x^{n+1}}{n+1}\right) = x^n \qquad n \neq -1 , \qquad \frac{d}{dx}\left(\ln|x|\right) = \frac{1}{x} = x^{-1} .$$

Obtenemos las siguientes antiderivadas, las cuales se visualizan como la regla de la potencia en "reversa".

$$f(x) = x^n, \qquad\qquad F(x) = \frac{x^{n+1}}{n+1} + C, \qquad n \neq -1$$
$$f(x) = x^{-1}, \qquad\qquad F(x) = \ln|x| + C$$

Las antiderivadas básicas se obtienen al utilizar las reglas de derivación en "reversa."

Función $f(x)$	Antiderivada $F(x) + C$	Función $f(x)$	Antiderivada $F(x) + C$
$af(x)$	$aF(x) + C$	$f(x) \pm g(x)$	$F(x) \pm G(x) + C$
a	$ax + C$	x	$\dfrac{x^2}{2} + C$
x^n	$\dfrac{x^{n+1}}{n+1} + C$	$\dfrac{1}{x}$	$\ln|x| + C$
e^x	$e^x + C$	a^x	$\dfrac{a^x}{\ln a} + C$
$\sin x$	$-\cos x + C$	$\cos x$	$\sin x + C$
$\sec^2 x$	$\tan x + C$	$\csc^2 x$	$-\cot x + C$
$\sec x \tan x$	$\sec x + C$	$\csc x \cot x$	$-\csc x + C$
$\sinh x$	$\cosh x + C$	$\cosh x$	$\sinh x + C$
$\operatorname{sech}^2 x$	$\tanh x + C$	$\operatorname{csch}^2 x$	$-\coth x + C$
$\operatorname{sech} x \tanh x$	$-\operatorname{sech} x + C$	$\operatorname{csch} x \coth x$	$-\operatorname{csch} x + C$
$\dfrac{1}{1+x^2}$	$\tan^{-1}(x) + C$	$\dfrac{1}{\sqrt{1-x^2}}$	$\sin^{-1}(x) + C$

Para comprobar si la antiderivada propuesta es la correcta, derive $F(x)$ y verifique que sea igual a la función f.

Ejercicio 1: *Encuentre la antiderivada más general para cada función dada.*

0. $f(x) = x^7 + x^5$ $\qquad\qquad\qquad$ $F(x) = \dfrac{1}{8}x^8 + \dfrac{1}{6}x^6 + C$

a. $g(x) = \cos x - \sec x \tan x$

b. $h(x) = 4x^{15} - 12x^5 + \dfrac{4}{x^3}$

c. $m(t) = 2e^x + \dfrac{4}{x} + 10^x - 5\sinh x$

d. $n(t) = \dfrac{3t^4 - t^2 + t^{-2}}{t^2}$ $\qquad$ Simplifique $n(t)$ antes de encontrar su Antiderivada.

e. $r(\theta) = \dfrac{2}{\sqrt{1-\theta^2}} + \dfrac{1}{\sqrt{\theta}} + \sqrt{\theta}$

Dada $f''(x)$ se puede encontrar $f(x)$ al encontrar la antiderivada de la antiderivada.

Ejercicio 2:   Halle f dada $f''(x)$.

a. $f''(x) = 7x^6 + 12x^3 + 3$

b. $f''(x) = \sin x + \cos x + e^x$

Si se conoce un punto (x_o, y_o) sobre $F(x)$, entonces $f(x)$ tiene una antiderivada $F(x)$ única.

El punto (x_o, y_o) se conoce como <u>condición inicial</u>.

Ejercicio 3: Encuentre una antiderivada particular de

$$f'(x) \;=\; \frac{1}{x} + \frac{4}{1+x^2}\,, \qquad \text{si}\;\; f(1) = 0.$$

Ejercicio 4: Encuentre una antiderivada particular de

$$f''(x) = 12x^2 + 6x - 2 , \quad \text{si} \quad f(0) = 2, \quad f(1) = 3$$

Aplicaciones

Si se conoce la razón de cambio instantánea $f'(t)$ de una cantidad, con antiderivación se puede encontrar la cantidad $f(t)$. Por ejemplo,

- Si se conoce la velocidad $v(t) = s'(t)$, se puede encontrar la posición $s(t)$.

- Si la población cambia a una razón de cambio $p'(t)$, se puede encontrar la población.

Movimiento Rectilíneo

La antiderivación y derivación son útiles procesos para analizar el movimiento de un objeto que se mueve en línea recta.

$s(t)$	Posición del Objeto	$s(t)$	es la antiderivada de $v(t)$
$v(t) = s'(t)$	Velocidad del Objeto	$v(t)$	es la antiderivada de $a(t)$
$a(t) = v'(t)$	Aceleración del Objeto		

Dada la aceleración $a(t)$, se encuentra la función posición $s(t)$ de la siguiente forma.

- Antiderive $a(t)$ dos veces.

- Utilice la velocidad inicial $v(0)$ y la posición inicial $s(0)$ para obtener la posición $s(t)$.

Ejercicio 5: *En* $t = 0$, *una partícula tiene una velocidad de 5 cm/s y una posición de 10 cm. Encuentre su posición si* $a(t) = 3t^2 - 5\sin t$.

Ejercicio 6: *Se lanza una pelota verticalmente hacia arriba con una rapidez de 64 pies/s desde un edificio de 256 pies de altura.*

a. Encuentre la altura de la pelota sobre el nivel del suelo t segundos más tarde.

b. ¿Cuándo alcanza la pelota su altura máxima?   ¿Cuál es su altura máxima?

Caída Libre de un Objeto

En un problema clásico de caída libre

- La aceleración por la fuerza de gravedad que experimenta un objeto es constante.

- El objeto tiene una velocidad inicial V_o y una posición inicial S_o.

- No se toma en consideración la resistencia al aire.

La aceleración que experimenta el objeto es:

$$a(t) = -g \qquad g \text{ es constante}$$

Las condiciones iniciales son $v(0) = v_o$ y $s(0) = s_o$.

Antiderive $a(t)$ y evalúe en $v(0) = v_o$:

$$
\begin{aligned}
v(t) &= -gt + c_1 \, , \\
v(0) &= c_1 = v_o \, , \\
v(t) &= -gt + v_0 \, .
\end{aligned}
$$

Antiderive $v(t)$ y evalúe en $s(0) = s_o$

$$
\begin{aligned}
s(t) &= -\frac{1}{2}gt^2 + v_o t + c_2 \, , \\
s(0) &= c_2 = s_o \, , \\
s(t) &= -\frac{1}{2}gt^2 + v_o t + s_o \, .
\end{aligned}
$$

Las ecuaciones que describen el movimiento (**cinemática**) de un objeto en caída libre son:

Posición	$s(t) = s_o + v_o t - \dfrac{1}{2}gt^2$,
Velocidad	$v(t) = v_o - gt$,
Aceleración	$a(t) = v_o$.

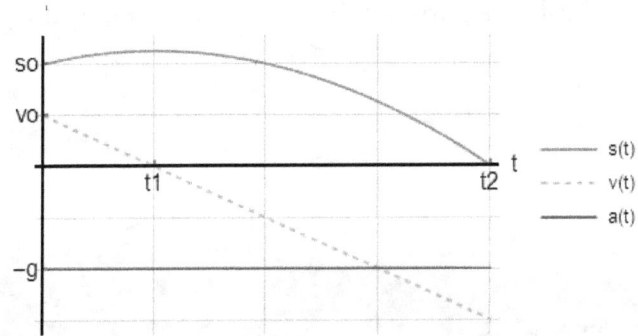

En t_1 el objeto alcanza su altura máxima, y t_2 es el tiempo de vuelo.

27.   Áreas   (5.1)

Sea S la región situada debajo de la gráfica de $y = f(x)$, $a \leq x \leq b$ arriba del eje x.

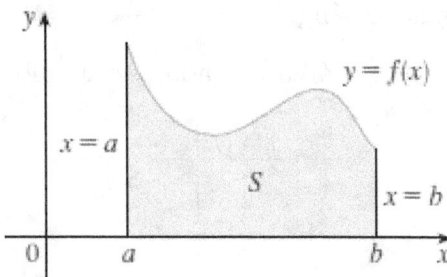

Si la región tiene una forma conocida como un triángulo, cuadrado, o un círculo, el área se puede encontrar utilizando geometría.

Para una región en general, considere varios segmentos de la región con altura $f(x_i)$ y ancho Δx, cada segmento es aproximadamente un rectángulo por lo que su área es $f(x_i)\delta x$.

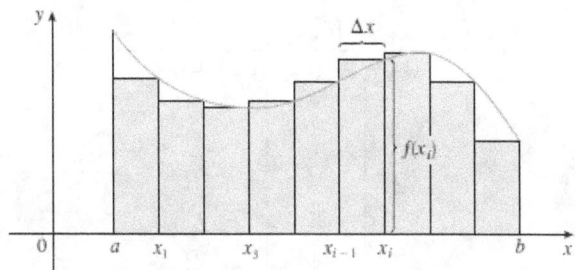

El área de la región S es aproximadamente la suma del área de los n rectángulos.

$$A \approx \sum_{i=1}^{n} f(x_i)\,\Delta x$$

El símbolo Σ se utiliza para escribir de manera más compacta las sumas de muchos términos.

Δx es el ancho de cada rectángulo y se calcula como $\Delta x = \dfrac{b-a}{n}$.

Los números muestra son $x_i = a + i\Delta x$ y el valor funcional $f(x_i)$ es la altura de cada rectángulo de aproximación.

La suma $\displaystyle\sum_{i=1}^{n} f(x_i)\,\Delta x$ se conoce como una **Suma de Riemann** y nos permite encontrar el área de la región S.

Ejercicio 1: Considere la región S bajo la curva $y = 10 - 2x$ *para* $0 \leq x \leq 5$.

a. Estime el área de la región S utilizando $n = 5$ rectángulos y use $x_i = i\Delta x$.

En este caso el ancho de cada rectángulo $\Delta x = \dfrac{b-a}{n} = \dfrac{5-0}{5} = 1$

En la siguiente tabla se muestra el área de cada rectángulo $\Delta A = f(x_i)\Delta x$.

x_i	$f(x_i)$	ΔA
1	8	8
2	6	6
3	4	4
4	2	2
5	0	0
	sume	$A \approx 20$

b. Estime el área utilizando $n = 10$ rectángulos y $x_i = i\Delta x$.

En este caso el ancho de cada rectángulo $\Delta x = \dfrac{b-a}{n} = \dfrac{5-0}{10} = 0.5$

x_i	$f(x_i)$	ΔA
0.5	9	4.5
1	8	4
1.5	7	3.5
2	6	3
2.5	5	2.5
3	4	2
3.5	3	1.5
4	2	1
4.5	1	0.5
5	0	0
	sume	$A \approx 22.5$

Se obtiene una mejor aproximación del área de la región S.

A medida que se utilizan más rectángulos, se obtiene una mejor aproximación del área. En el límite cuando $n \to \infty$ obtenemos el área exacta de la región S.

Definición: El **<u>área</u>** de la región S que se encuentra bajo la gráfica de una función continua $f(x)$, $a \leq x \leq b$ es el límite de la suma de las áreas de cada rectángulo.

$$A = \lim_{n \to \infty} \sum_{i=1}^{n} f(x_i)\, \Delta x$$

$$x_i = a + i\Delta x \qquad \Delta x = \frac{b-a}{n}$$

Para determinar el área se necesitan utilizar las siguientes fórmulas de sumatorias:

a. $\displaystyle\sum_{i=1}^{n} 1 = n$
b. $\displaystyle\sum_{i=1}^{n} c = cn$

c. $\displaystyle\sum_{i=1}^{n} i = \frac{n(n+1)}{2}$
d. $\displaystyle\sum_{i=1}^{n} cg(i) = c\sum_{i=1}^{n} g(i)$

Ejercicio 2: Encuentre el área de la región del ejercicio 1.

Encuentre el ancho, números muestra y altura para n rectángulos.

ancho
$$\Delta x = \frac{b-a}{n} = \frac{5}{n}$$

números muestra
$$x_i = a + i\Delta x = \frac{5i}{n}$$

altura
$$f(x_i) = 10 - 2\left(\frac{5i}{n}\right) = 10 - \frac{10i}{n}$$

Simplifique el término $\displaystyle\sum_{i=1}^{n} f(x_i)\,\Delta x$:

$$\sum_{i=1}^{n} f(x_i)\,\Delta x = \sum_{i=1}^{n}\left(10 - \frac{10i}{n}\right)\frac{5}{n}$$

$$= \sum_{i=1}^{n}\left(\frac{50}{n} - \frac{50i}{n^2}\right)$$

$$= \frac{50}{n}\sum_{i=1}^{n} 1 - \frac{50}{n^2}\sum_{i=1}^{n} i$$

Utilizando las fórmulas de sumatorias

$$\underbrace{\frac{50}{n}\sum_{i=1}^{n} 1}_{n} - \underbrace{\frac{50}{n}\sum_{i=1}^{n} i}_{0.5n(n+1)} = \frac{50}{n}n - \frac{50}{n^2}\frac{n(n+1)}{2}$$

$$= 50 - 25\frac{n^2 + n}{n^2} = 50 - 25\left(1 + \frac{1}{n}\right)$$

$$\sum_{i=1}^{n} f(x_i)\,\Delta x = 25 - \frac{25}{n}$$

El Área de la región S es de 25 unidades cuadradas.

$$A = \lim_{n\to\infty}\sum_{i=1}^{n} f(x_i)\,\Delta x = \lim_{n\to\infty}\left(25 - \frac{25}{n}\right) = 25 - 0 = 25$$

La región es un triángulo con base $b = 5$, y altura $h = 10$, su área es $A = \frac{1}{2}bh = 25$.

Ejercicio 3: Encuentre el área de la región bajo la curva $y = 3x^2 + 2x$ *y entre las rectas* $x = 0$, $y = 0$ & $x = 3$.

Necesita utilizar la fórmula de sumatoria $\displaystyle\sum_{i=1}^{n} i^2 = \frac{n(n+1)(2n+1)}{6}$.

El problema de la distancia

Si la velocidad del objeto es constante, la distancia es $s = v\,t$.

Si la velocidad no es constante, la distancia aproximada en un intervalo de tiempo Δt es:

$$\Delta s \approx v\,\Delta t\ .$$

La distancia aproximada recorrida durante el intervalo $a \leqslant t \leqslant b, \quad t_i = a + i\Delta t$:

$$s \approx \sum_{i=1}^{n} v(t_i)\,\Delta t, \qquad \Delta t = \frac{b-a}{n}\ .$$

La distancia se obtiene en el límite cuando $\Delta t \to 0 \quad (n \to \infty)$,

$$s = \lim_{n\to\infty} \sum_{i=1}^{n} v(t_i)\,\Delta t, \qquad \Delta t = \frac{b-a}{n}\ .$$

Ejercicio 4: La velocidad de un objeto es $v(t) = 3t^2$ cm/s.
Encuentre la distancia recorrida en el intervalo $0 \leqslant t \leqslant 2$.

28. Razones Relacionadas (3.9)

La idea detrás de razones relacionadas es calcular la razón de cambio de una cantidad en términos de la razón de cambio de otra cantidad. Las razones relacionadas son una aplicación de la regla de la cadena y de la derivación implícita.

Sea $y(t) = F[\,x(t)\,]$, note que $y \longrightarrow x \longrightarrow t$.

Utilice la regla de la cadena para encontrar la razón de cambio de $y(t)$ respecto a t.

$$\frac{dy}{dt} = \frac{dy}{dx} \cdot \frac{dx}{dt}$$

Ejercicio 1: Suponga que $y = \sqrt{2x+1}$, donde x & y son funciones de t.

a. Si $\dfrac{dx}{dt} = 3$, encuentre $\dfrac{dy}{dt}$ cuando $x = 4$.

b. Si $\dfrac{dy}{dt} = 5$, encuentre $\dfrac{dx}{dt}$ cuando $x = 12$.

Ejercicio 2:   Suponga que $4x^2 + 9y^2 = 36$, donde x & y son funciones de t.

  a. Si $\dfrac{dy}{dt} = \dfrac{1}{3}$, encuentre $\dfrac{dx}{dt}$ cuando $x = 2$ & $y = \dfrac{2}{3}\sqrt{5}$.

  b. Si $\dfrac{dx}{dt} = 3$, encuentre $\dfrac{dy}{dt}$ cuando $x = -2$ & $y = \dfrac{2}{3}\sqrt{5}$.

En algunos problemas, pueden haber tres variables que dependen del tiempo, por lo que la tasa relacionada de una variable depende de las tasas relacionadas de las otras dos variables.

Ejercicio 3:   Si $x^2 + y^2 + z^2 = 9$, (ecuación de una esfera de radio 3), encuentre $\dfrac{dz}{dt}$ cuando $x = 2$, $y = 2$, $z = 1$, $\dfrac{dx}{dt} = 5$, & $\dfrac{dy}{dt} = 4$.

PASOS RAZONES RELACIONADAS

1. Lea el problema e identifique la información relevante.

2. Introduzca notación, asignando símbolos a todas las cantidades.

3. Escriba una ecuación que relacione las diferentes cantidades del problema.

4. Utilice la regla de la cadena para derivar respecto a t ambos miembros de la ecuación.

5. Sustituya la información dada en la ecuación resultante.

6. Resuelva para la razón de cambio desconocida.

7. Interprete el resultado en términos de unidades adecuadas como $/unidad, $/mes, $\cdots$, etc.

Ejercicio 4:   El área A de un círculo de radio r y el radio se incrementa con el tiempo.

a. Encuentre la razón de cambio del área respecto al tiempo en términos de $\dfrac{dr}{dt}$.

b. ¿Qué tan rápido se incrementa el área del círculo cuando el radio es de 10 pies y el radio se incrementa con una rapidez constante de 4 pies/s?

Ejercicio 5:   El volumen de una esfera se incrementa a una razón de 64 mm/s^3.
¿Qué tan rápido se incrementa el radio cuando el radio es igual a 40 mm?

Ejercicio 6:   La presión P y el volumen V de un gas satisfacen la ley de Boyle $PV = c$,
donde c es una constante. En cierto instante, el volumen del gas es de 5 m^3, la presión es de
20 kPa (kilopascales), y la presión se está incrementando a una razón de 10 kPa/min.
¿Con qué rapidez disminuye el volumen del gas en este instante?

154

Problemas que requieren el uso de triángulos rectángulos

- Distancia entre dos carros si sus desplazamientos son perpendiculares entre sí.

- Escaleras apoyadas contra un muro vertical.

- Aviones que vuelan horizontalmente y pasan justo por debajo de un edificio.

Ejercicio 7: Dos automóviles parten desde el mismo punto. Uno se dirige hacia el sur a 60 kph y el otro hacia el oeste en una ruta más congestionada a 25 kph.
¿Con qué rapidez se incrementa la distancia entre los dos automóviles 2 horas después?

Ejercicio 8:   Un observador se encuentra a 3 km de la plataforma de un transbordador espacial. El transbordador asciende verticalmente a una velocidad de 60 m/s.

a. Encuentre la razón de cambio de la distancia entre el transbordador y el observador cuando está 4 km sobre la plataforma.

b. Encuentre la razón de cambio del ángulo entre el suelo y el observador cuando la altura es de 4 km y y la velocidad vertical del cohete es de 60 m/s

156

Ejercicio 9: Una escalera de 15 pies está apoyada contra un muro vertical. Si la parte inferior de la escalera se desliza alejándose de la pared a una razón de 4 pies/s.

a. ¿Qué tan rápido la parte superior de la escalera resbala hacia abajo cuando la parte inferior de la escalera está a 9 pies del muro?

b. ¿Con qué rapidez cambia el ángulo entre el muro y la escalera cuando la parte interior de la escalera está a 9 pies del muro?

Problemas que requieren Trigonometría Adicional

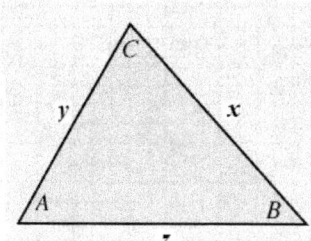

Ley de Cosenos: $z^2 = x^2 + y^2 - 2xy\cos C$

Ley de Senos: $\dfrac{x}{\operatorname{sen} A} = \dfrac{y}{\operatorname{sen} B} = \dfrac{z}{\operatorname{sen} C}$

Triángulos Semejantes $\dfrac{x_1}{y_1} = \dfrac{x_2}{y_2}$

Ejercicio 10: Dos lados de un triángulo tienen una longitud de 8 cm y 5 cm resp. El ángulo entre ellos se incrementa a una razón de 0.05 rad/s. Encuentre la razón de cambio del área del triángulo respecto al tiempo cuando el ángulo entre los dos lados es de $\dfrac{\pi}{3}$.

Ejercicio 11:   Un líquido se vierte en un vaso de papel cónico a una razón de 6π cm^3/s. El vaso cónico tiene una altura de 10 cm y un radio de 2 cm.   Determine la rapidez a la cual el nivel de agua sube cuando el líquido dentro del vaso tiene una altura de 5 cm.

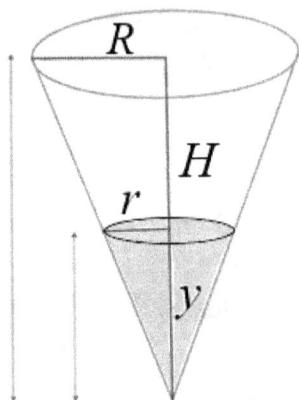

Ejercicio 12:   Dos personas parten del mismo punto. Una camina hacia el este a 4 km/h y la otra camina hacia al noroeste a $2\sqrt{2}$ km/h.

¿Qué tan rápido cambia la distancia entre las personas después de 30 minutos?

www.ingramcontent.com/pod-product-compliance
Lightning Source LLC
Chambersburg PA
CBHW081725220526
45468CB00008B/1980